# 企业安全文化建设实用手册

贾彦勇 高宁 李赛 著

中国華僑出版社
·北京·

**图书在版编目（CIP）数据**

企业安全文化建设实用手册 / 贾彦勇，高宁，李赛著. —北京：中国华侨出版社，2023.7（2023.10重印）

ISBN 978-7-5113-9015-8

Ⅰ. ①企… Ⅱ. ①贾… ②高… ③李… Ⅲ. ①企业安全－安全文化－建设－中国－手册 Ⅳ. ①X931-62

中国国家版本馆CIP数据核字（2023）第087595号

**企业安全文化建设实用手册**

**著　　者：** 贾彦勇　高　宁　李　赛

**出 版 人：** 杨伯勋

**责任编辑：** 肖贵平

**封面设计：** 吴梦涵

**版式设计：** 辰征 · 文化

**经　　销：** 新华书店

**开　　本：** 889毫米×1194 毫米　1/32开　印张：7　字数：160 千字

**印　　刷：** 河北朗祥印刷有限公司

**版　　次：** 2023 年 7 月第 1 版

**印　　次：** 2023 年 10 月第 2 次印刷

**书　　号：** ISBN 978-7-5113-9015-8

**定　　价：** 49.80 元

中国华侨出版社　北京市朝阳区西坝河东里77号楼底商5号　邮编：100028

发 行 部：（010）64443051　传　真：（010）64439708

网　址：www.oveaschin.com　E-mail：oveaschin@sina.com

# 序 言

企业安全文化建设相对于技术指标、经济效益等要素来说更加抽象，但同时也是极具潜在价值的管理工具。近年来，随着企业安全管理工作的不断深化，越来越多的企业认识到“安全文化”的重要意义，也希望能够更多地了解和实施安全文化建设。

但在许多人看来，“安全文化”是一个非常宽泛和空洞的概念，说起来纯粹务虚空谈，干起来也是没着没落。企业应当如何抓好安全文化建设，利用“文化”这个管理工具创造出实实在在的业绩，是每位企业管理者和一线工作人员应当关注的切实问题。

安全文化是企业之魂，要实现企业的本质安全，就必须从“文化”这样一个层次深挖根源，必须发挥安全文化的引领作用、浸润作用、长效作用，潜移默化地解决各个层面的安全问题。加强企业安全文化建设，能有效疏导、化解生产与安全的矛盾，应用新思路、新方法解决安全生产中的突出问题，是成熟的安全管理思想和安全管理方法的总和，是当前企业安全管理的最高阶段。如何充分运用安全文化这个管理工具，形成迅速有效的安全管理机制，切实提高安全管理水平，增强安全管控能力，就成为企业安全文化建设工作主要关注和研究的内容。

当前国内已出版了大量有关安全文化的书籍，也涌现出了大批的安全文化理论，众说纷纭，形式各异。目前企业急需有一本能够直接指导实践的安全文化建设手册，需要一套“可推广、可复制”的成功经验。本书正是顺应这种现实需求为企业量身打造了一套安全文化建设的标准范式，对企业进行安全文化建设的普及工作，有着重要的指导作用和借鉴意义，让企业能够做到“一书在手，跟着标准走”。拿来就可用，所见即所得，这是本书的最大特点。

为了有效推动各类企业的安全文化发展，编者整理了当前一些主流学者的观点，博采众长，结合企业实际情况，前后历经五年编写了此书，重在“实用”二字。如存在不足之处，还请专家学者批评指正。

张广富<br>2023年1月31日

# 目 录

# 第一章 安全文化建设概论

企业安全文化是企业为提升自身安全能力所采取的一系列工作措施和取得的工作成效的总和，是企业在生产经营过程中形成的保护员工生命安全，且被全体员工广泛认同和共享的安全文化理念、安全管理制度、安全环境和安全行为的综合体现[1]。

加强企业安全文化建设，能有效疏导、化解生产与安全的矛盾，应用新思路、新方法解决安全生产中的突出问题，是成熟的安全管理思想和安全管理方法的总和，是当前企业安全管理的最高阶段[2]。

企业安全文化建设从理念、制度、环境、行为、技术、特色几个方面着手，主要致力于通过各种工作措施，形成或提升企业的安全文化，构建成熟的安全文化体系。

企业是国民经济的重要组成部分，安全文化建设既是企业自身持续健康发展的主观需要，也是政府监督、舆论评价等外部环境不断发展变化的客观需要。安全文化是企业在从事安全生产活动过程中逐步形成的文化，既包括心理心态，也包含抽象的意识、态度、行为和环境治理。大力推行安全文化建设，有助于为企业创造一种良好的安全氛围，形成协调的人机环境，将事故损失控制关口前移，做好预控、预防，将事故遏制在萌芽状态。

如何充分运用安全文化这个管理工具，形成迅速有效的安全管理机制，切实提高安全管理水平，增强救灾减灾能力，就成为企业安全文化建设工作主要关注和研究的内容。

我们要坚持以人民安全为宗旨、以政治安全为根本、以经济安全为基础、以军事科技文化社会安全为保障、以促进国际安全为依托，统筹外部安全和内部安全、国土安全和国民安全、传统安全和非传统安全、自身安全和共同安全，统筹维护和塑造国家安全，夯实国家安全和社会稳定基层基础，完善参与全球安全治理机制，建设更高水平的平安中国，以新安全格局保障新发展格局。

安全文化不应仅仅是制订规章制度、落实监督考核的强制文化，更重要的是要建设成为安全理念深入人心的“治未病”工程，做到“六要”，即“理念要先进；制度要完备；环境要科学；行为要规范；技术要创新；特色要鲜明”。

## 一、理念要先进

首先必须坚持“人民至上、生命至上”的理念，培育先进的安全文化体系。

然而，怎样才算是先进的、科学的理念呢？古今中外的实践表明，“人”的安全观念、思维模式、风险意识等，共同构成了人的理念，“人”是生产力中最活跃、最宝贵的因素，发展生产的目的是让“人”更好地、更有尊严地活着，而不是相反。“以人民为本”的理念，才是最先进、最科学的理念，这一点虽然在理论上毋庸置疑，但在现实中却往往被有意无意地忽视，甚至颠倒。究其根本原因，是某些个别的管理者并不是为了作为劳动者的“人民”，而是为了小团体利益，甚至是个人利益。近年来，国内企业出现了多起因企业主要负责人赶进度，或者降造价而引起的重特大事故。江西丰城电厂的冷却塔倒塌事故[3]就是一个例子。因此，企业所培育的安全文化理念，必须坚持“人民至上、生命至上”的原则，提升安全管理水平，坚持科学、理性的原则。

在安全文化建设过程中，安全理念是最根本的，也是最重要的要素，处于支配地位，它从意识的最深处对安全管理产生深刻且深远的影响[4]。而单个企业的安全理念又在某种意义上最终体现了整个行业的价值取向。

正确、科学的安全理念，可以很好地激发员工的工作积极性和创新潜能，营造和谐共赢的良好环境，使企业永葆蓬勃向上的发展态势。而错误的理念，必然导致错误的行为。企业开展安全文化建设，就是要对先进的理念进行尝试、总结、提升，学习吸收国内外先进的安全文化，总结前人经验，结合企业所处行业的特点，让先进的思想方法、科学的安全文化建设内容融入企业安全管理实践当中，以此提高自身在安全文化建设中的引领示范作用。

## 二、制度要完备

“没有规矩，不成方圆。”制度不完备，行动就缺乏“规矩”意识，就没有安全文化建设落地实施的基础。规章制度的形成与落地是管理层安全文化理念的充分体现和具体反映，直接影响着环境文化、行为文化的发展趋势，决定着技术创新能力，体现了企业特色、行业特点。

完善的安全管理制度是企业营造科学安全环境，保证规范的安全行为，鼓励安全技术创新，凸显行业安全特色的前提和基础。根据企业获取和识别的安全管理法律法规、规章规程、管理制度，结合实际情况制订安全管理办法，明确各级各岗位人员的安全管理职责和权限，明晰各级管理流程的规范化操作，提高安全处置效率和能力，是企业安全管理制度的制订依据。

## 三、环境要科学

安全环境建设不讲科学，布局不合理，宣传不醒目，警示不明确，通道不畅通，到处脏乱差，所谓的“文化”就无从谈起。甚至有的企业出了事故，或者为了预防事故的发生，不是通过厂区环境治理、作业现场改善、应急场所建设等方式去完善安全文化环境，而是去求神拜佛，或者去买几块大石头镇住，种几棵高大的奇特树木挡风水，这些都是毫无科学依据的，只是白白浪费宝贵的资产。

安全环境建设重点需要从设计理念、现场实施、效果完善几方面去推进。

## 四、行为要规范

安全行为是安全理念和安全管理制度在“人”的方面的直接表现，所有的安全理念文化、制度文化，无论是好的还是坏的，都会毫无掩饰地在安全行为中表现出来。例如，追求展示效果、好大喜功的安全文化必然会产生锣鼓喧天的应急技能表演，将

“演习”变成“演戏”；而追求救援实效、科学扎实的安全文化必然会孕育出无脚本演练[5]、日常演练，以润物细无声的方式取得实效。

安全行为文化建设主要致力于为企业员工划定明确的安全管理职责，培训规范的安全操作技能，培养科学正确的安全行为习惯，通过安全理念的植入，以及严格的制度规范，使全员的安全行为步调统一、科学合理，依靠长期的安全培训教育和反复连续的安全技能操作来培育出一支训练有素、行为规范的安全管理队伍[6]。

## 五、技术要创新

安全技术是安全文化建设的重要支撑。随着科学技术的日新月异，新的安全技术层出不穷，包括先进的管理科学、先进的安全装备和安全技术的创新。例如智能违章辨识系统、VR技术、二维码技术、新的心理学认知和社会学发现等，都在广泛而深远地影响着安全文化建设，使安全文化建设水平日趋完善、日趋合理，更加有效、更合人性。

## 六、特色要鲜明

各类企业都具有自身独特的行业特点，例如，自动化程度，人员密集度，是否具有受限空间，是地上作业还是地下作业，是否有煤、氨、氢、油、酸、碱等可燃易燃物品和危险化学品，是否有转动机械，是否有粉尘、噪声场所，是否有大型机械设备等行业特征。企业安全文化建设就要根据以上行业特点，凸显出独有的个性，做到安全管理能力完备、独特，形成鲜明的安全文化特色。

东汉史学家、政论家、思想家荀况指出："先其未然谓之防，发而止之谓其救，行而责之谓之戒。防为上，救次之，戒为下。"这恰如其分地说明了安全文化建设重在预防，未雨绸缪与抢险救援并重的原则和优先次序。

一个重复出现的危机应该是可以预见的。同一个危机如果重复出现，往往是疏忽和慵散造成的[7]。可见，时刻准备、提前预防应该是整个安全文化建设与实施的精髓。

国内企业，尤其是国有企业的安全管理一般都有相当的基础，在应急预案编制、重大危险源备案、安全环境治理等方面普遍经历了标准化、创星级、NOSA（南非国家职业安全协会）、贯标等运动式管理模式的洗礼，安全管理基础比较扎实。但同时也形成了一种面面俱到却主次不分、管理零散、思维混乱、缺乏提纲挈领统筹思想的安全管理格局。在安全理念的植入过程中，往往出现说起来明白，干起来却无从下手的情况。

针对这种现状，企业安全文化的创建应该在现有安全管理方式基础上，进一步提炼精髓，找到能够统筹全局的思想主线，纲举目张，重点对现有的安全管控方式进行重新梳理、规范。

每个企业都拥有自己的企业文化，应加以借鉴国内外优秀安全文化成果，通过多种形式的安全理念导入，长期持续地进行安全理念导入、宣贯，把安全理念文化渗透到每个员工、每项制度、每个流程和每道程序的关键环节当中，引导员工提高安全意识，指导员工形成正确的安全思维和安全行为，让本企业的安全文化深入骨髓，实现理念固化，确保安全理念对企业文化建设的引领作用。

安全文化建设体系分为决策层、管理层和执行层三个层次。按照国内企业目前的管理模式，个体的行为总是受到最高层领导的支配，安全文化建设从最高层领导开始，层层传递，直至最基层。因此，构建企业安全文化的关键取决于领导决策层对安全文化建设的认识。现实中，企业一把手的关注点往往在提高产量、成本控制这些直接影响企业效益的指标上，容易导致安全投入严重不足，对安全设施的检查、维护力度不够。只有把安全文化建设作为企业一把手的重要考核指标，把安全投入列为企业的基础投入项目，才可能从根本上解决问题。

在企业领导班子成员中，主要负责人要对安全管理负总责，其他班子成员必须按照“一岗双责”的原则，既要对具体分管业务工作负责，也要对分管领域内的安全工作负责，始终做到把安全文化建设与其他业务工作同研究、同部署、同督促、同检查、同考核、同问责，真正做到“两手抓、两手硬”。

从实践情况来看，国内企业目前急需解决的问题如下。

### 1 不注重预防性投入

现代工业生产系统是“人”可以改造的系统，通过“查漏补缺”不断完善，必须改变“增加安全投入会增大企业负担”的错误观点。研究表明，预防性投入与事后整改效果的比例是1∶5，因此预防性安全投入不仅能“减损”，还会“增值”。要高效高质地实现安全生产，必须采取关口前移、预防管理的方法[8]。

### 2 偏重追责的弊端

事故预防有两种方式：一是依靠组织手段追责；二是依靠技术手段改进。依靠组织手段就要偏重事故追责，其优点是能够使人在处理问题时变得谨慎，尽量避免发生事故，缺点是一旦发生事故，当事人通常会试图逃避处罚而隐瞒事故起因，致使事故原因难以快速暴露，延长事故处理时间。依靠技术手段就要着力做到本质安全，把“人”看作随时会发生错误的因素，采用各种技术手段来防止人为错误，其优点是促使事故当事人主动配合找出事故起因，快速处理事故并采取预防措施，缺点是容易造成“人”的安全意识松懈。从实践来看，偏重追责不利于鼓励员工创新的积极性，有碍安全技术的快速发展。

### 3 安全基础设施设计不科学

安全基础设施是保障人员生命安全与健康、保护企业资产与环境不受损失的最有效手段，是预防和减少各类安全事故发生的最可靠屏障。

目前国内企业普遍在各类基础设施设计与实施方面存在各种问题。例如，应急通道设计不科学，缺乏距离标识，甚至缺乏方向标识。由于企业内部设备种类繁多，各种区域通道复杂，沿现有应急通道模式指示很难有效逃生。又如，安全防护设施和装备不科学，例如，在工业发达国家电厂电气设备间内操作员站立面上有1.5$m^2$的防滑钢板，以降低跨步电压对操作人员的伤害，试验人员在做大电流、高压试验时要采取戴护目镜等措施，许多企业目前还执行不到位。

### 4 运动式管理之害

近年来各类企业普遍经历了贯标、NOSA（南非国家职业安全协会）、6S［整理（Seiri）、整顿（Seiton）、清扫（Seiso）、清洁（Seiketsu）、素养（Shitsuke）、安全（Safety）六个项目，简称6S］、标准化、双重预防、安全信息管理平台等管理方式的洗礼，各种理论众说纷纭。有的管理方式使资金被大量用于建筑物表面修缮、设备表面刷漆等面子工程；有的管理方式抓不住安全管理核心，耗费大量人力物力投入无极限的细枝末节管理中，流于形式主义，使员工产生强烈抵触情绪，导致安全管理水平未见提升，企业早已不堪重负。

综上所述，企业安全文化建设相对于技术指标、经济效益等要素来说更加抽象，但同时也是极具潜在价值的管理工具。无论一个企业表面上所创建的安全文化多么完美，如果不能落地生根，就难以起到引领作用[9]。

安全文化建设成功的关键是执行力。通过大力推进企业安全文化建设，促使企业安全管控水平得到快速提升，现场环境明显改善，员工素质不断提高，形成实用、有效的安全文化体系。

# 第二章 安全文化建设规划

安全文化建设规划是企业安全生产的基础性工程，也是员工安全意识、安全素质、安全行为提升的主线工程。近年来，各类生产企业均以提升安全风险管控能力为手段，以安全管理能力建设为重点，大力加强安全生产管理，注重精细化建设，注重设备设施的本质安全管理，注重采取隐患排查等手段超前防范，确立了以“人民至上、生命至上”为核心的安全理念，为企业安全文化建设的开展打下了坚实的基础和保障。如何为企业安全文化的建设谋篇布局、确定正确的方向、切实可行的目标任务，至关重要。

## 一、现状与形势分析

### 1 当前现状分析

通过问卷调查、访谈、现场查看等方式摸清企业当前安全管理现状，以便为制订规划提供现实依据。

### 2 存在的主要问题

通过现状分析，找出制约企业安全文化建设的瓶颈问题，采取相应对策。

### 3 机遇与挑战

正确处理安全与发展的关系，保障人民生命安全是企业管理运营的重大原则。企业应尽快完善健全企业安全管理机制、强化创新企业安全文化建设，采用先进、有效的安全管理思想和方法，提高安全管理工作质量、效率和水平，形成具有企业自身特色的安全文化模式。

## 二、指导思想

习近平总书记在党的二十大报告中作出了“推进国家安全体系和能力现代化”[10]的重要论述，从企业安全文化建设的角度来看，必须以提升安全能力为核心，以规范职工行为为重点，以风险辨识与隐患排查为基础，完善管理体系、深化责任落实、加强基础建设、提升管控水平，积极推进安全文化建设，为应对生产安全事故提供强大保障。

## 三、基本原则

### 1 坚持以科学理论为指导

强化红线意识，以科学发展理论、生产安全原理和事故预防原理等相关理论为指导，从风险控制出发，建立涵盖安全、应急、健康、环保、质量等在内的全面安全风险控制、应急处置、过程管理综合管理体系，大力提升安全管理的规范化、流程化、模式化水平。

### 2 坚持文化建设与发展战略相结合[11]

安全文化建设要与企业核心理念相适应，充分发挥文化对安全管理的指导、推进作用，为企业安全形势持续好转夯实基础。

### 3 坚持继承与创新并重

继承原有的企业文化传统，结合安全管理实际情况，将安全文化与企业文化融会贯通；借鉴国内外先进的经验和成果，进行安全管理思维、方法、手段等创新；充分继承企业已有的安全管理成果，并在此基础上促进优化和提升，为增强安全能力提供强大动力。

### 4 坚持调动全员广泛参与

要充分调动全体员工参与安全管理的主动性和积极性，注重营造人人自觉自愿维护安全的良好氛围，通过全员参与、集思广益，提升安全管理整体水平。

### 5 坚持培育行业典型

以领先行业领域企业的安全文化建设试点为标准，瞄准世界一流企业，探索新方法、积累新经验，及时进行效果评估、自查调整，着力提升本企业安全管理水平，培育优秀的企业安全文化模式。

### 6 坚持持续改进

安全文化建设是一个完整的科学体系，需要长期坚持不懈培育，是企业经营者和员工在不断实践的基础上，持续提高思想认识、逐步提升理论水平、不断充实建设体系的渐进发展过程，需要时间的打磨、持续的改进。企业应充分了解认识安全文化的形成过程，通过PDCA闭环管理[12]，借助内审、外审手段，不断评估安全文化建设的充分性、适应性和有效性，通过持续改善，提升安全管理工作的执行效率。

## 四、规划目标

### 1 总体目标

用三年时间，通过多样式、多角度、高密度的企业安全文化建设，促使安全理念深入人心，安全管理体制机制得以健全完善，安全管理制度体系简洁高效，岗位责任制全面落实，作业现场安全可视化[13]程度显著提高，员工安全意识和防灾避险、自救互救能力明显提升，安全人文环境富有活力，安全保障能力显著提高。

### 2 具体目标

企业安全文化建设是一项长效性、全局性、基础性的工作，既要做好总体规划、确定阶段发展目标，又要立足实际，落实各项具体工作。

2.1 第一阶段：启动推进阶段（第一年度）

以认同企业安全文化理念、提升安全环境氛围、提高员工安全意识素质为重点，健全组织、完善机制、制订方案，基本形成企业安全文化建设格局；修订完善企业安全管理制度，推进制度文化落实机制，提升安全制度落实的科学性和有效性；制订科学完善的全员培训计划，安全能力和素质得到提升，安全法规标准执行力逐步加强，安全行为文化逐步优化；形成良好的企业安全文化环境氛围，丰富企业安全文化载体，组织新颖、有效的企业安全文化宣教活动。

第一年度安全文化建设重点内容：

2.1.1 修订企业安全管理制度，形成企业安全管理制度。

2.1.2 制订企业安全培训规划，形成年度培训计划，落实培训责任，以班组为单位，开展培训效果考核。

2.1.3 构建安全环境，对厂区环境进行改造升级，形成安全文化园地，即“一条安全文化长廊、一个应急技能知识园地、一面安全原理学习墙”。

2.2 第二阶段：深化发展阶段（第二年度）

深化企业安全文化建设，促进企业安全文化建设走向良性发展阶段，重在防范、快速反应的安全原则得到普遍认同。全员安全素质整体提高，员工自觉遵守安全管理制度、标准和岗位操作规范，实现标准化操作，使规范操作成为职工的行为习惯，风险辨识能力逐步提升；管理人员的安全意识不断强化，科学管理效能不断提高；充分应用现代媒体，开展安全视听工程，优化企业安全文化建设载体和阵地，发挥好媒体优势，广泛参与企业安全文化建设，保持企业活力。

第二年度安全文化建设重点内容：

2.2.1 员工行为养成，通过员工岗位安全技能培训、员工安全技能比武、员工安全行为手册宣贯、安全理论创新、安全管理金点子等，促进领导层、管理层、操作层的安全素养提升。

2.2.2 优化安全文化建设宣传模式，依托微信平台开展安全技能普及、风险辨识和隐患排查，进一步形成8小时外的安全意识和能力。

2.2.3 鼓励安全文化创建活动，开展员工安全文化产品（小视频、征文、小品、诗歌等形式）征集，调动员工关注安全文化工作的积极性，挖掘具有企业特色的安全文化产品。

2.2.4 安全制度落地工程，简化安全管理制度，编制应急处置卡，便于职工记忆，促进制度的固化和内化。

2.3 第三阶段：总结提升阶段（第三年度）

全面总结企业安全文化建设规划[14]的落实情况，对各部门开展安全文化建设工作绩效测评；树立、表彰、推广在安全文化建设工作中表现突出的先进集体和个人，发挥优秀典型示范引领作用；开展安全文化建设的理论研究总结，推动安全管理机制创新，完善安全管理机制，形成具有企业自身特色的安全文化建设模式。

第三年度安全文化建设重点内容：

2.3.1 开展安全文化建设评估活动，从班组、部门直至企业整体进行安全理念认知、行为养成、制度体系、环境氛围等方面的文化建设情况评估。

2.3.2 创优评先行动，以班组安全管理考核和员工岗位达标为重点，评选企业“安全生产优秀班组”“安全生产优秀员工”。

2.3.3 安全文化模式总结，形成具有企业自身特色的安全文化模式，并进行宣传推广。

## 五、主要建设任务

### 1 坚持理念引领，达成安全管理共识

安全理念是安全管理工作得以持续和有效开展的基本思想共识，企业在继承原有企业文化优秀基因的基础上逐步形成自己的管理特色，总结出科学、有效的安全理念体系。大力开展安全理念宣贯、认同、践行、固化活动，通过员工喜闻乐见的、多种形式的传播手段，使安全理念被全员认知、认同，并将其融入安全工作全过程，使安全理念落地生根、入脑入心，形成理念文化，为有效推动安全管理工作、提升安全管控能力提供强大的思想保障。

### 2 强化责任落实，构建全员责任网络

按照《国务院安委会办公室关于全面加强企业全员安全生产责任制工作的通知》[15]精神，构建企业全员安全责任体系，夯实从领导管理层到一线员工的安全责任，明确责任体系划分，真正建立安全职责“层层负责、人人有责、各负其责”的工作体系，实现有效运转。建立健全安全生产责任考核体系，覆盖所有组织、岗位，做到“一岗位一清单”，考核内容简明扼要、清晰明确、便于操作、适时更新，充分激发全员参与安全管理工作的积极性。

### 3 突出科学有效，形成安全管理体系

企业安全管理工作应具有系统性思维，加强安全管理能力建设，健全完善安全制度体系，形成各部门齐抓共管、各环节同步推进的工作格局，确保安全文化建设融入企业管理流程、渗透到每一个细节，实现“严、实、精、细、恒”的安全管理机制，完善工作机制，推进常态化、制度化的安全能力评估，促进企业安全管理工作的网络化、标准化、科学化。

### 4 强化超前预防，提升作业风险管控能力

突出问题导向，抓住安全工作的前端预控，固化全体员工的超前预防意识，养成超前预防习惯。重点对人的不安全行为、物

的不安全状态、管理的不安全环节进行防范管控，按照作业性质逐一、定期、分级、分类进行排查和收集，及时制订、修改与之对应的安全措施和作业要求；加强重大危险源、重点设施的安全监测、早期预警和安全管理，实施生产安全风险评估及风险动态管理；建立岗位安全卡和应急处置卡[27]，为提升作业风险管控能力提供及时、准确、科学、全面的分析依据。

### 5 加强宣传教育，营造安全管理有利氛围

加强网站、微信公众号建设，推进安全教育展板、安全文化主题沙龙、主题栏目建设，构建功能互补、影响广泛、富有效率的安全文化传播平台，提高员工对安全知识的感性认识，扩大企业安全文化影响覆盖面。将安全宣传教育作为班前会、例会和安全生产工作会议的固定议题进行专题部署，定期开展安全生产、安全知识培训，建设安全设备设施使用培训教室，探索体验式培训教育模式；深入开展全国“安全生产月”“安全生产万里行”“安康杯”“青年示范岗”等主题实践活动，以及企业内部示范班组、明星员工创建活动，将良好的安全氛围融入企业的日常工作，营造有利于安全管理工作的有利局面。

### 6 强化应急准备，加强应急救援力量建设

建立健全应急预案体系，规范应急演练方案制订、情景设计、评估总结、整改提升等工作，强化事故应急处置总结评估过程中对应急预案具体实施情况的反馈改进；巩固、整合现有救援队伍资源，推动专兼职救援队伍建设，加强日常训练与考核，鼓励一专多能、平战结合，提升第一时间应急响应能力；建立贴近实际、贴近实战的应急演练长效机制，配备一批技术先进、性能可靠、机动灵活、适应性强的专业救援装备，推动应急演练常态化、实战化，做到岗位、人员、过程全覆盖。

### 7 确保安全投入，保障安全工作有序运行

以提升生产、安全管理水平为目标，为安全理念、安全制度的落实提供可靠保障，加大人、财、物的投入，营造人机和谐的安全环境；加强设备设施安全防护，进行作业空间安全分区，实施操作岗位人机工程，实现人机和谐、安全匹配；通过安全精细化管理、安全警示信息可视化等，进一步营造优美、舒适的安全生产环境，为提升安全管理绩效，提高安全管控水平奠定坚实的物质基础。

## 六、打造安全管控重点工程

根据企业运营实际情况，提炼若干项目打造成为安全管控重点管理工程，作为安全文化推进的有力抓手。在实践中可以参考以下工程分类。

### 1 安全培训体系及方案优化工程

安全培训体系及方案优化工程旨在强化员工安全理念，普及员工安全防范和应急救援基础知识，提高全体员工的安全生产技能，以增强员工的学习兴趣为目标，变“要我学习”为“我要学习”。

培训企业安全管理内训师队伍，形成员工安全素质能力的自我提升，建立安全培训的长效机制。建立健全职工安全培训档案，做到安全培训经常化、制度化，强化安全理念，广泛普及安全防范和应急救援基础知识，提高全体员工的安全技能，建设具有企业自身特色的自主学习型组织。

### 2 安全制度落地工程

梳理、整合企业已有的安全生产、安全管理的制度和各项标准，按照“问题产生→制订并执行安全标准→严格落实安全生产责任→解决问题”的设计思路，坚持重心下移，全面突出制度设计的科学可行，强化制度和标准落地，修订、完善安全隐患排查、巡回检查、重大隐患责任追究等制度，确保指导力、约束力和执行力。全面筛选、简化安全管理体系中的制度和标准，将岗位安全管理制度形成简明、扼要的条款，实现制度的标准化、模块化、简约化。以安全制度文化建设为抓手，通过领导率先、互检互查、学习背诵、正向激励、闭环管理等机制和手段促进各项安全制度的有效执行，逐步引导更多员工由他律上升为自律。

将应急处置卡与胸卡二合一，全员配发，随身携带。应急处置卡可使员工在较短的时间内提升应急救援技能，能进一步强化员工应对突发事故和风险的能力，以便在事故应急处置过程中简便快捷地予以实施。

### 3 岗位风险隐患识别工程

为加强岗位作业风险预控，做好量大面广的风险或隐患识别与管理，要结合企业安全工作实际，制订岗位作业风险识别分类、分级管理办法。由指导专家、一线人员组成风险识别队伍，按照岗位类别、作业内容逐一进行风险排查识别，确认风险等级、制订防范措施，并将以上全部内容录入风险数据库，为开具“两票（工作票、操作票）”和安全管理决策提供科学、准确的风险数据。充分调动广大员工参与风险识别的积极性，通过安全绩效激励机制，鼓励一线作业人员围绕本岗位、本专业的设备设施、工作器具、工作方法、制度标准、周围环境等进行风险识别排查，提升设备设施等本质安全水平和相应的管理水平。

### 4 基层安全文化建设工程

为实现安全管理由强制、自我管理向团队文化的跃升，以基层员工、班组、岗位、现场为对象，开展企业安全文化到基层、入班组活动，开展班组安全文化建设培训宣贯，多角度、全方位地增加班组员工们的安全知识，从而使班组安全工作一步一个脚印地向更高层次迈进。鼓励多种形式的安全文化创作，让全体职工都能参与到动漫、警示片、宣传册等安全文化产品的开发中，定期评选年度“最佳安全文化作品”，对明星员工进行表彰，提高员工在安全文化建设中的获得感，调动员工积极性，夯实基层安全管理，保障企业安全文化建设目标的实现。

### 5 安全精细化管理工程

要求全体员工在每个岗位每项作业中都渗透安全精细化管理，创建“六精模范岗位”，即“精心”，工作态度端正用心；“精细”，工作过程细致入微；“精准”，工作质量准确无误；“精益”，工作目标精益求精；“精彩”，工作表现丰富多彩；

“精致”，工作效果完美极致。通过“六精”管理，有效提升全体员工安全操作水平和应急处置的反应能力，同时创造出具有企业自身特色的安全管理标杆工作、示范岗位等系列成果，激发全体员工关注安全、关爱生命的主动性和积极性，为进一步提升安全管理水平提供有力支撑。

### 6 安全文化审核与评估推行工程

审核与评估是企业安全文化建设的判断要素，要定期对企业安全文化建设的效果进行审核，及时纠正偏差，从而为完善安全文化建设方案提供依据。建立每半年一次的安全文化建设状况评估制度，形成审核报告，综合评价安全文化建设效果，提出是否进一步改进方案的意见和建议。对安全文化进行外审，采用流程分析、基准比较、问题树法、解构分析法等多种方式方法调查安全文化建设状况，解析文化现象的底蕴和深层次因由，分析现有文化对安全管理的影响和作用，分析各级管理层和员工是否具备良好的安全意识，查找存在的问题，弘扬优良的安全文化传统，明确企业安全文化建设改善的方向和目标，从而有效提升安全文化建设的有效性、实用性、先进性。

## 七、保障措施

### 1 加强组织领导

企业主要负责人要将安全文化建设工作作为“一把手工程”，主要领导亲自安排部署，分管领导、各级负责人认真组织落实，以“严、细、实”的作风和态度抓好规划实施的领导和推动。要充分发挥部门联动机制，调动全体员工投身安全管理的积极性和主动性；指定具体部门统一负责企业安全文化建设发展纲要的实施，监督、指导各部门开展工作，组织做好具体实施方案的制订，明确职责分工，逐级分解落实规划目标、指标、主要任务，加快启动相关重点工程，保证安全文化建设规划的正常实施。

### 2 构建激励机制

进一步完善奖罚并重的激励机制，健全完善企业安全绩效考评办法，建立相应的制度，保障、鼓励和培养员工进行安全管理实践和解决具体问题的责任心和能力，制订安全生产事故约谈制度，建立员工自主发现隐患、制止违章行为的激励机制。

### 3 建立应急信息沟通机制

应急信息传播与沟通是企业安全文化建设的媒介要素，及时、准确、全面的应急信息传播和有效沟通是安全文化引导全体员工对安全管理工作的重视程度，影响员工安全行为的重要手段。企业制订内容丰富的安全文化活动年度工作计划，完善企业应急体系与外界联络的信息平台，完善与政府机关、所处行业组织、上级主管单位等的应急信息汇报、传递制度等。

### 4 加强经费保障

在经费投入和物质投入方面建立保障机制。企业制订安全工作经费管理制度，设立年度专项安全管理工作预算，划拨企业安全文化建设资金，确保安全文化宣传、安全培训、事故演练、企业安全文化专项活动等经费及时足额投入到位，通过对安全管理工作专项经费的投入，来保障安全文化建设规划主要任务和重点工程的顺利实施。

# 第三章 安全理念文化

安全理念文化，即通过开展企业安全文化建设工作，使“人民至上、生命至上”的理念深入人心，全面实施安全发展战略，使安全知识得到广泛普及，提高一线从业人员安全意识和防灾避险、自救互救能力，不断强化安全管理法治意识，增强依法依规从事安全管理工作的自觉性。企业可以通过征集反映企业安全文化的精品力作，营造有利于安全管理工作的舆论氛围，建立健全自我约束和持续改进的安全文化建设机制，夯实安全管理工作保障的基础。

安全理念文化一般从以下几方面着手建设：

首先是要加强安全管理理念宣传工作。企业要通过多种形式和有效途径，广泛传播“人民至上、生命至上”理念，大力宣传、全面贯彻落实党中央、国务院关于加强安全管理工作的方针政策和决策部署。

其次是要总结提炼企业自身安全管理理念。企业要以社会主义核心价值观、安全发展战略和“人民至上、生命至上”理念为统领，结合自身特点加强企业安全管理理念文化建设，提炼具有企业自身特色的核心安全管理理念，包括安全工作愿景、安全工作目标等。

最后是要持续提升企业安全管理理念。企业要通过多种形式，特别是将安全管理理念融入安全工作的全过程，广泛传播、全员参与理念的学习宣贯，做到全员认知、认同、自觉践行落实。随着安全管理工作水平的提升，试点企业应对安全管理理念进行评估和更新升级，以适应新的安全工作发展需要。

## 一、安全理念调研分析

安全文化理念可通过编制调查问卷，分别在管理层、操作层进行样本征集；也可采取座谈会讨论等形式，共同讨论、推选出全体企业人员共同认同的安全理念。

### 1 调查样本基本特征统计

本次调查的实际收取问卷份数，包括：管理层份数；操作层份数；无效问卷份数；问卷有效率。

### 2 安全理念统计

调查问卷中涉及安全理念条目及内容。

包括：管理层支持率结果统计；操作层支持率结果统计。

### 3 最终确定企业安全文化建设理念

根据问卷统计结果，找出企业在长期生产运营实践中，管理层、操作层对安全管理的认知现状，了解参与者的创建积极性，为后期安全理念文化的植入以及安全理念体系的形成奠定坚实的基础。

## 二、安全理念释义与解读

企业安全工作的宗旨是保障生产安全，做好充分的事故预防措施，有效防范和应对生产作业中的隐患风险，有序组织各类生产事故的救援。

通过对安全理念进行释义和解读，使各级人员对企业安全理念的理解更加具体和深入，有利于安全理念文化的导入与固化，有利于坚守“发展不能以牺牲人的生命为代价”的红线意识，把“人”作为企业科学发展、安全发展的核心要素，作为安全管理和应急救援的根本出发点，尊重员工、爱护员工，努力维护员工的生命安全，科学及时协调救援行动，实现救援决策、施救和保障等各个环节的无缝对接，认清事故预防和险情控制的关键环节，科学制订合理的安全工作计划，同时加强救援过程中的安全预警监测，做到人员到位、技术到位、保障到位，以有效的措施将事故损失降到最低。

## 三、安全理念文化的导入与固化

### 1 安全培训体系

安全培训体系旨在强化员工安全理念，普及员工安全防范和应急救援基础知识，提高全体员工的安全技能，增强员工的学习兴趣，变“要我学习”为“我要学习”。

### 2 安全文化活动

为实现安全管理由强制、自我管理向团队文化的跃升，以基层员工、班组、岗位、现场为对象，开展安全文化到基层、入班组活动，开展班组安全文化建设培训宣贯，多角度、全方位地增加班组员工的安全知识，从而使班组安全工作一步一个脚印地向更高层次迈进。

活动可以采取多种形式，让全体员工都能参与到动漫、警示片、宣传册等安全文化产品的开发中，自制“家人寄语”“今天我来说安全”等题材的安全文化宣传小视频，使用以安全文化建设理念为内容的电脑壁纸等方式，促进安全文化在企业的广泛传播。

# 第四章 安全制度文化

“没有规矩，不成方圆”。安全制度不完备，行动就缺乏“规矩”意识，就没有安全文化建设落地实施的基础。安全制度建设是决策层、管理层、员工层的安全文化理念的充分体现和具体反映，直接影响着安全环境文化、行为文化的发展趋势，决定着安全技术创新能力，体现了企业特色、行业特点。

完善的安全管理制度是企业营造科学环境、保证安全行为规范、鼓励安全技术创新、凸显行业特色的前提和基础。根据企业获取和识别的安全管理法律法规、规章规程、管理制度，结合实际情况制订安全管理办法，明确各级各岗位人员的安全管理职责和权限，明晰各级管理流程的规范化操作，提高处置效率和能力，是企业安全管理制度的制订依据。

制度建设应充分梳理、整合企业已有的制度，按照“问题产生→制订并执行安全标准→严格落实安全生产责任→解决问题”

的工作思路，建立、健全、筛选、简化企业安全生产管理制度，确保制度设计的科学可行，强化制度落地实施，确保指导力、约束力和执行力，将岗位职责形成简明、扼要的条款，形成标准化、模块化、简约化的制度模式。通过领导率先学、互检互查来促进，通过学习背诵来加强考核等机制和方法，强化制度的落实执行，引导员工在落实各项安全制度过程中，逐步形成由他律上升为自律，进一步巩固企业安全管理基础。

企业根据获取和识别的安全管理法律法规、规章规程、管理制度，结合实际情况建立和完善本企业的安全管理制度，审批下发后，由企业全体人员认真贯彻执行。

## 一、健全完善安全管理工作制度

对照《安全生产法》[16]等法律法规、国家标准及行业标准，在开展安全生产风险评估和应急资源调查的基础上，不断健全企业应急预案和安全管理制度体系，达到“制度上不缺项”。鼓励职工参与制度建设，在双向沟通、集思广益中凝聚共识，使安全管理制度体现职工期待，坚定广大职工的制度自信和行动自觉，如组织“制度不足我来提”“应急演练体验分享”等活动，让职工参与其中，直观感受。

## 二、强化安全文化制度建设

安全文化建设必须以规章制度来强化和规范，只有形成制度，才能将安全理念固化下来，形成持续的力量。不断充实完善各项规章制度，不折不扣地执行规章制度就是创建和推行安全文化的过程，也是企业安全文化逐步浸润的传播过程。要切实落实安全生产责任制，将安全生产责任层层落实，建立横向到边、纵向到底的企业安全管理网络；要完善企业安全管理各项规章制度和奖惩制度，通过制度保障来推动企业安全文化建设。

## 三、加强安全管理宣传教育体系建设

建立健全安全管理宣教体系，充分发挥工会、共青团等群众团体的作用，实现资源共享、任务共担，提高安全文化建设影响力。

## 四、强化安全管理法治观念建设

结合“法律六进”（法律进机关、进乡村、进社区、进学校、进企业、进单位的普法工作。）主题活动，深入开展安全管理相关法律法规、规章标准的宣传，坚持以案说法，加强对一线从业人员的法制教育，切实增强一线从业人员的安全管理法律意识，推进“依法治安”。

企业安全文化建设应牢固树立安全发展理念，秉承“安全是文化”的思路，以强化安全意识、规范安全行为、提升防范能力、养成安全习惯为目标，创新载体、注重实效，推动构建自我约束、持续改进的安全文化建设长效机制，在谋划工作、完善制度、绩效考核、奖励问责等方面应认真贯彻、体现全员参与的文化氛围，全面提升企业安全文化建设水平，充分发挥安全文化的引领作用，实现企业安全生产水平持续进步。

## 五、可供借鉴的企业安全文化管理制度

### 1 领导作用及安全承诺

1.1 一般要求

企业应坚持“文化引领、责任落实、体系健全、制度保障”原则，建立包括安全价值观、安全愿景、安全使命和安全方针与目标等在内的安全承诺。安全承诺应：

体系完整、切合企业特点和实际，体现文化底蕴，反映共同安全志向；

明确安全问题在企业内部具有最高优先权；

声明所有与企业安全有关的重要活动都追求卓越；

含义清晰明了，并被全体员工和相关方所知晓和理解，具有感召力。

企业应培育安全理念文化，树牢安全理念发展，采用各种宣传教育手段传播、固化、植入安全承诺，全体员工应经常参与安全理念的学习与培训活动。包括：

安全理念；

定期对安全理念体系进行评估，及时更新升级，适应新的发展需要。

企业应将自己的安全承诺传达到相关方。必要时应要求供应商、承包商等相关方提供相应的安全承诺。

1.1.1 安全价值观

企业应建立安全价值观，并应：

与公司的核心价值观和安全管控要求保持一致；

从行业属性、企业特征、事业追求上体现企业发展的价值追求；

体现“以人为本”“安全发展”“风险预控”等积极向上的价值观和先进理念。

1.1.2 安全愿景

企业应建立安全愿景，并应：

与公司宗旨和安全管控要求保持一致；

体现企业在安全问题上要实现的目标和前景；

体现全体员工对“一流企业”的平安需求和美好愿望。

1.1.3 安全使命

企业应建立安全使命，并应：

与公司使命和安全管控要求保持一致；

从积极践行政治责任、经济责任、社会责任、文化责任、生态文明责任上体现企业的责任担当；

体现企业为实现安全愿景而必须完成的核心任务。

1.1.4 安全方针与目标

企业应建立安全方针与目标，并应：

与公司战略、安全目标和安全管控要求保持一致；

以提升企业安全管理质量水平、预防和减少各类生产安全事故为目标导向；

体现“安全第一、预防为主、综合治理”的安全生产方针，保障员工生命财产安全，确保生产经营活动有序进行；

考虑适用的要求并应与企业风险和机遇评价结果相符。

1.2 主要负责人

企业主要负责人是企业安全文化建设第一责任人，对企业安全文化建设标准化工作负全面领导责任，以有形的方式表达对安全的关注，并让各级管理人员和员工切身感受到企业主要负责人对安全承诺的实践，包括：

组织建立企业安全文化建设责任体系、培训教育体系、管理监督体系、考核评价体系、双重预防工作机制等，把安全文化作为企业文化的一项重要内容，为企业安全生产奠定基础；

坚持“安全第一”“以人为本”思想理念，组织建立行为规范、行为激励机制，包括正确用人及晋升、奖励、绩效考核等导向，保障安全环境建设；

在安全生产上真正投入时间和资源，包括对安全生产的亲力亲为、必需的资金投入、基础设施及人力资源的配置；

清晰界定全体员工的岗位安全责任；

提升安全工作的领导力，坚持保守决策，以有形的方式表达对安全的关注；

制订安全发展的战略规划以推动安全承诺的实施，包括推动实施企业安全文化建设长期规划和阶段性计划；

接受培训，在与企业相关的安全事务上具有必要的能力；

授权企业的各级管理者和员工参与安全生产工作，积极质疑安全问题；

安排对安全实践和生产过程的定期审查；

与相关方进行沟通和合作。

1.3 各级管理人员

企业的各级管理人员应对安全承诺的实施起到示范和推进作用，形成严谨的制度化工作方法，营造有益于安全管理的工作氛围，培育重视安全的工作态度。包括：

积极主动践行、落实企业安全文化建设计划，采取多种形式的安全文化活动，营造良好安全文化氛围；

坚持“安全第一”“以人为本”思想理念，主动践行行为规范、激励机制、用人导向制度，保障安全环境建设；

定期组织开展安全日活动，学习国家、上级单位、本企业有关安全生产的指示精神和规定，以及岗位安全生产知识，积极推行班组危险预知训练和人身安全风险预控；

定期组织开展安全生产教育培训，端正安全态度和安全行为、树立标准化工作习惯；

确保所有与安全相关的活动均采用了标准化、安全化的工作方法；

确保全体员工充分理解并胜任所承担的工作；

鼓励和肯定在安全方面的良好态度，注重从差错中学习和获益；

在追求卓越的安全绩效、质疑安全问题方面以身作则；

接受培训，在推进和指导、教育员工改进安全绩效上具有较高的能力；

保持与相关方的交流合作，促进组织部门之间的沟通与协作。

1.4 一般员工

企业员工应充分理解和接受企业的安全承诺，并结合岗位工作任务实践这种安全承诺。包括：

坚持“安全第一”思想理念，规范自身行为，积极参与安全事务，维护良好安全环境；

定期参加安全日活动，学习国家、上级单位、本企业有关安全生产的指示精神和规定，以及岗位安全生产知识；交流安全生产工作经验，定期开展危险预知训练和人身安全风险预控，提出改进意见和建议，并不断改进和提高；

在本职工作上始终采取标准化、安全化的方法；

对任何与安全相关的工作保持质疑的态度；

对任何安全异常和事件保持警觉并主动报告；

接受宣传教育、学习培训，在岗位工作中具有提高安全绩效的能力；

与管理者和其他员工进行必要的沟通。

## 2 行为规范

2.1 一般要求

企业应以安全核心理念为引领，建立界定清晰的组织结构和安全职责体系，完善各类安全生产规章、制度，建立健全作业标准、安全文化手册，引导、规范员工自觉形成安全行为习惯。

2.2 机构及责任体系确定

企业应按照公司安全、职业健康、生态环保标准化相关要求，落实安全生产组织领导机构，成立安全生产委员会，建立健全安全生产保障体系和监督体系，并按照有关规定设置安全生产、职业健康、生态环保管理机构，配备相应的专职或兼职管理人员，建立健全从管理机构到基层班组的管理网络。

企业应按照公司安全生产责任制标准化相关要求，建立安全生产责任制管理体系，坚持“管生产必须管安全、管业务必须管安全、安全生产责任全覆盖、安全生产责任标准化、安全生产责任追究”的原则，明确各级各岗位人员在安全生产工作中的职责与权限。

2.3 规章制度的制订

企业应按照简明、统一、协调、优化的原则，建立健全符合法律法规、国家与行业标准及公司安全生产标准化管理体系要求的各项安全生产规章制度，规范安全生产全过程管理工作。

企业应建立含企业运行标准、基础保障标准和岗位标准的企业制度标准体系。

2.4 作业标准及安全文化手册

2.4.1 作业标准

企业应按照公司安全生产标准化管理体系要求建立安全生产各项作业标准，健全岗位标准体系。岗位标准必须充分考虑以下要求：

融合风险预控要求，包括岗位主要风险源、危害后果及预控措施；

具体工作流程（工序）及工作质量要求；

岗位职责与权限、义务；

技能与资格要求；

检查、考核要求。

企业应建立以规程、工作票、操作票、检修作业指导书、作业方案等为主的生产现场作业标准。作业标准可以是书面文本、图表、表单、多媒体，也可以是利用信息化手段通过信息软件系统平台固化指令，其内容包括但不限于：

职责与权限；

工作范围；

作业流程；

具体作业规范与标准；

周期性工作事项；

条件性触发的工作事项。

2.4.2 安全文化手册

企业应紧密结合实际情况编制安全文化手册。文化手册应做到思想性、可读性和可操作性融为一体。安全文化手册内容包括但不限于：

安全文化理念；

安全生产组织机构；

安全活动；

安全常识；

危险有害因素、生态环境因素及其管控措施；

安全座右铭；

安全法律法规；

典型违章事例、事故案例。

企业应确保安全文化手册全员（包括外包人员）发放，指导、约束和规范员工的行为，强化安全意识，提升安全素质，培养安全技能，积极营造和谐的安全生产环境。

企业应大力宣传并组织学习安全文化手册，并将手册内容作为安全考试必备内容。

2.5 标准化

2.5.1 建立标准化管理体系

企业应按照公司安全生产标准化要求，基于体系化管控、提高整体安全生产绩效、实现可持续发展和现场实用性原则，构建安全生产标准化管理体系及其管理标准，指导企业根据自身特点开展适合企业安全生产战略规划、风险预控及其经营管理需要的一系列标准化工作。

企业安全生产标准化管理体系应形成自我驱动的建立、实施、评价和改进机制，实现体系化运作、标准化管控的安全生产标准化管理模式，并确保与企业管理、发展方向充分融合、相互协调。

2.5.2 流程化

企业应根据公司安全生产标准化有关要求，加强作业流程管理，建立安全生产管理程序、岗位作业流程，实现流程化管控。包括：

管理程序。以业务流程的梳理为基础，建立可量化、可操作的5W1H管理流程，并与优秀管理方法相结合，定期对业务流程进行改进和优化。5W1H，简称5W1H工作法，也叫六何工作法。Why——怎么回事儿？（何因）；What——对象是什么？（何事）；Where——在什么地方执行？（何地）；When——什么时间执行？什么时间完成？（何时）；Who——由谁执行？（何人）；How——怎样执行？采取哪些有效措施？（如何做）。

岗位作业流程。以运行操作步骤、检修工序梳理为基础，建立风险数据库、工作票、操作票、检修作业指导书、方案等作业标准，并与风险辨识、预控相结合，定期对各类岗位作业流程进行补充完善。

2.5.3 清单化

企业应根据公司安全生产标准化有关要求，积极运用高效、简洁的方法简化现场管理和实际操作，将各类管控的要求进行清单化处理，方便一线员工使用。

企业应鼓励员工积极使用各类标准化清单，确保管理的有效落地、行为受控。如：

岗位安全生产责任履职清单，明确岗位各项安全生产责任的内容、履职周期、履职形式、完成期限等主要信息；

较大、重大高风险项目清单（包括高风险运行操作清单、高风险检修作业清单、高风险区域清单、高风险设备故障清单、高风险管理活动清单）；

事故隐患排查清单；

职业病危害因素清单；

防控非停的措施清单；

重大环保设施清单；

应急装备及设施清单等。

2.5.4 表单化

企业应根据公司安全生产标准化有关要求，建立表单化管理机制，以表单为载体，将企业的规章制度、标准化流程、节点等融入具体的工作之中，用表单工具固化职能，规范业务流程，提高工作效率。包括：

根据实际情况设置表单，使表单的数量尽量减少，并使每个表单尽量简化，做到简洁、务实；

建立和保存主要安全生产及其标准化过程与结果的记录，记录格式应予以统一，采用表单化标准模式。

## 3 行为激励

### 3.1 绩效指标

企业应确定各项安全绩效指标，激励各级管理人员、员工的安全行为，确保其符合企业安全方针、目标。

#### 3.1.1 积极指标

企业在审查和评估自身安全绩效时，应制订对安全绩效给予直接认可的积极指标。积极指标包括但不限于以下内容。

##### 3.1.1.1 安全奖励

在安全技术、职业卫生方面积极采取先进技术、提出重要建议被采用有明显效果的；

有发明创造或科研成果，成绩显著的；

认真贯彻企业安全生产方针、规章制度，在预防事故、安全生产过程中做出显著成绩的；

制止违章指挥、违章作业、违反劳动纪律行为避免事故发生的；

及时发现重大缺陷隐患、正确果断处置故障并有效避免事故发生的；

发生事故时，积极抢救并采取措施防止了事故扩大，使员工生命和企业财产免受或减少损失的；

安全生产百日奖；

提质增效贡献奖；

操作无差错、班组无违章奖。

3.1.1.2 先进评比

积极参加公司（厂）、部门（车间、场站）、班组组织的各种形式的安全生产活动、安全生产竞赛，取得优异成绩的部门（车间、场站）、班组、个人；

被公司、子分公司评为先进并给予表彰和奖励的部门（车间、场站）、班组、个人；

企业年度先进集体、先进个人；

企业年度十佳员工；

企业月度A级员工。

3.1.1.3 树立模范典型

遵章守纪、严格执行安全操作规程，正确使用标准化动作的；

在安全管理岗位上尽职尽责、开拓创新并作出贡献的；

按照企业要求，认真开展安全管理工作，全年未发生重大事故的部门（车间、场站）；

企业岗位之星；

劳动模范申报、评比。

3.1.1.4 岗位岗级晋升

对认真贯彻企业安全生产方针、规章制度，在安全生产方面作出突出贡献的个人，按照岗位动态管理办法给予岗级、岗位优选晋升。

3.1.2 负面指标

企业应按照公司安全生产责任制标准化有关要求，建立涵盖人身、电网、设备、施工机械、火灾、交通、大坝、供热、职业健康、生态环保等事故（事件）的负面指标，并按照指标管控要求进行管控、考核。负面指标包括但不限于以下内容。

3.1.2.1 事故、事件目标

企业实行安全目标四级控制；

企业控制重伤和事故，不发生人身死亡、较大设备损坏和火灾事故；

部门（车间、场站）控制轻伤和障碍，不发生重伤和事故；

班组控制未遂和异常，不发生轻伤和障碍；

员工控制差错，不发生违章、未遂和异常。

3.1.2.2 绩效管控指标

机组非计划停运次数；

障碍、异常及未遂事件次数；

环保达标排放率、均值超标次数；

职业危害因素控制超标次数；

安全教育培训参加、合格率；

体系不符合、质量不合格次数；

消缺及时率、完成率；

风险、隐患整改率；

工作票、操作票合格率等。

3.1.2.3 反面典型

不遵守企业安全生产方针、规章制度，在安全生产方面做出损害企业利益或给企业造成负面影响的；

不履行安全生产工作职责，造成重大事故隐患的；

对重大事故预防措施落实不力，反事故措施和安全技术劳动保护措施计划执行不到位，造成重大事故隐患和风险的；

其他负面行为。

3.2 安全缺陷识别

3.2.1 设备缺陷识别

企业应建立设备缺陷发现、填报与消缺奖励制度，鼓励所有员工主动去识别设备缺陷，从组织程序上予以充分开放和重视，并按照奖惩标准对积极识别等行为给予物质、精神奖励。

3.2.2 违章识别

企业应建立违章行为发现奖励制度，鼓励员工及时发现和制止违章行为，对发现、举报、制止违章行为有功的个人，给予必要奖励或表彰。包括：

管理性违章；

装置性违章；

指挥性违章；

作业性违章。

3.2.3 及时反馈与处理

企业应建立安全风险及隐患及时反馈机制，对员工所识别的安全缺陷、安全风险及隐患，企业应给予及时处理和反馈，发挥安全行为和安全态度的示范作用，提高员工参与安全风险及隐患处理的积极性。包括但不限于：

在醒目位置或公司网站上公布风险及隐患举报电话，设立举报箱，接受员工和社会监督；

明确各类风险、隐患接受部门或岗位，接到信息后，应按职能和职责分工立即组织核实并处理；

将处理结果及时反馈给相关人员，并进行必要的公示；

定期对接收情况进行分析、汇总、记录；

树立安全榜样或典范，通过年度评选树立安全生产正面典型等鼓励手段，对表现突出者进行奖励。

3.2.4 差错与惩罚措施

企业应建立健全事故、事件及员工一般差错行为调查处理机制，审慎对待员工差错，应避免过多关注错误本身，而应仔细权衡惩罚措施，避免因处罚而导致员工隐瞒错误、隐患。包括：

准确分析事故、事件原因，针对根本原因合理确定、纠正和预防措施，确保“四不放过”（“四不放过”是指事故原因未查清不放过、责任人员未处理不放过、整改措施未落实不放过、有关人员未受到教育不放过。）真正落地，同时，不影响员工积极性；

采取以改进缺陷、汲取经验、教育为目的的处理方法，权衡惩罚的科学力度，杜绝“以罚代管”；

鼓励部门（车间、场站）、员工开展差错自查自纠和互查互纠，并对自纠发现差错实施免予或从轻处罚；

设定科学的考核指标，真实反映各岗位员工的业绩情况，以岗位分析为基础，根据岗位要求和工作职责制订绩效考核体系，避免采用“一刀切”的考核方式。

3.3 绩效考核

企业应制订安全绩效考核制度，结合正面和负面指标设置明确的安全绩效考核指标，并把安全绩效考核纳入企业的收入分配制度。

制订绩效考核体系的目标和原则，并考虑：

绩效考核的目标应与企业的战略目标保持一致，形成公平竞争的文化氛围；

绩效考核的结果运用与人力资源制度相配合，在人才的选、用、育、留中发挥作用，使人尽其才。

合理运用绩效考核结果，建立合理的薪酬制度，并考虑：

薪酬应当与员工的职位、技能、能力、绩效等相匹配，体现公平与公正；

薪酬制订应最大限度发挥激励作用，结合安全积分、违章积分等考评方式落实到月度、年度安全绩效考核中，推动员工在工作中发挥积极性与主动性；

对未能按时完成或完成质量不达标等情况提出考核意见，纳入企业月度、年度安全绩效考核。

3.4 信用机制

企业应建立行为信用机制，明确信用体系的内容维度、衡量标准和应用范围；通过社会舆论、价值取向、道德评判、信息共享等方式规范信用活动。包括：

健全完善安全生产承诺机制，建立安全生产失信惩戒制度；

企业主要负责人做出安全承诺，并公示；

各级人员签订《安全生产承诺书》；

建立违章记分机制，对达到一定分值的单位、个人实行相应惩戒。

报告诚信情况。企业主要负责人每年向公司工会及职工大会报告安全生产诚信情况，重点包括企业履行安全生产主体责任的现状、安全投入、宣传教育培训、安全生产标准化建设、职业病防治和应急管理等方面的情况。

宣传教育。加强安全生产诚信宣传教育，弘扬社会主义核心价值观，弘扬崇德向善、诚实守信的传统文化和现代市场经济的契约精神。

3.5 用人导向

企业应建立健全科学规范选人、用人导向机制，将品德、专业素质能力、安全意识、安全业绩作为选人用人的基本底线。

企业应建立岗位适任资格评估和培训标准，确保全体员工充分胜任所承担的工作，同时优先对安全绩效突出人员进行选拔、任用、继续教育、后备，树立正确、积极向上的用人文化导向氛围。

## 4 安全环境建设

4.1 一般要求

企业应以安全理念为引领，重视作业环境建设及员工感受和整体满意度，培育安全环境文化，建设良好的安全生产环境。包括建立高效的安全生产信息沟通和反馈机制，加强对安全防护类设备设施配置维护，实行安全可视化管理，在开展经常性的工作之余举办安全健康环保活动等。

4.2 信息传播与沟通

企业应搭建信息传播平台，完善沟通交流机制，积极拓展交流通道，提高信息传播效果，促进安全文化融合与创新，让先进安全文化"走进来"，也推动优秀安全文化"走出去"。包括但不限于：

建立企业安全信息沟通、灾害事故预警等平台。通过高效的安全生产信息沟通和反馈机制，确保员工反映安全问题渠道畅通，灾害事故预警信息覆盖全员；

设立安全教育阅览室、安全文化廊、安全角、黑板报、宣传栏等安全文化阵地，内容新颖、更换及时；

建设具有企业特色的安全文化教育场馆，定期组织员工开展参观、学习和培训等活动；

拓展信息化手段，广泛运用网络技术和新媒体，营造安全文化环境氛围。

4.3 安全指引

企业应积极开展员工安全指引建设，包括但不限于：

加强安全制度文化建设，建立完备的安全管理制度体系，规范岗位作业流程，促使安全文化的提升，安全文化又促使安全制度得到更好的落实，形成双向循环；

强化安全教育和培训，促进员工的安全文化素质不断提高，形成正确的安全生产认识观念，了解到更多安全生产的必要知识，使安全风气不断优化、安全精神需求不断发展；

引导员工树立正确的安全价值观，改变员工对安全生产活动的态度，使员工行为更符合企业生产过程中的安全规范和标准要求；

加强物质安全文化建设，提高设备设施本质化安全程度，引导员工重视本质安全。

4.4 安全设施与作业条件

企业应提供完好的安全设施及良好的作业环境条件，为员工创造一个舒适优美、整洁良好的工作环境。

#### 4.4.1 基础设施配置

企业应按照公司安全生产标准化要求，为员工提供安全生产及其标准化必需的基础设施及资源并确保完好。各类基础设施及资源应满足以下需求：

运行标准化管控；

检修标准化管控；

设备标准化管控；

反事故措施标准化管控；

技术监督标准化管控；

外包服务标准化管控；

安全监督标准化管控；

生态环保标准化管控；

职业健康标准化管控；

现场安全文明生产标准化管控；

双重预防机制标准化管控；

教育培训标准化管控；

责任制标准化管控；

应急管理标准化管控；

安全文化建设标准化管控。

#### 4.4.2 安全防护

企业应按照公司安全生产标准化要求，为员工提供安全生产必需防护，包括但不限于：

对危险作业场所、危险源和危险设备设施配置有效的安全防护装置、设施；

为员工配备并定期检查、更换必需的个体防护用品；

加强对个体防护用品使用的培训，确保员工能正确使用；

加强对安全防护类设备设施的维护管理，保证其安全有效。

#### 4.4.3 标志标识

企业应按照国家、行业、公司有关安全管控要求，在生产现场及其有关办公、生活等区域，设置必要的安全标志、标识，包括但不限于：

按照公司视觉识别系统，标示企业标识；

设置设备、区域、楼层、办公、建（构）筑物位置导引；

根据不同风险，设置安全禁止、警告、指令、提示标志；

根据安全色，对设备、管道、阀门及其他设施状态信息等进行色标、介质流向、命名等安全可视化管理。

#### 4.4.4 应急准备

企业应按照国家、行业、公司有关应急管控要求，进行应急准备，包括但不限于：

根据风险设置应急物资、器材储备点，备有应急、救援、通信、照明等工具和设备，并做好日常管理维护和更新工作；

按照有关规定设置应急照明、安全通道，并确保应急照明正常、安全通道畅通；

设置应急避难场所并制作应急避难场所分布图（表），在应急避难场所设置显著标志，且基本设施齐全；

对人员、车辆禁止进入、审批进入和允许进入的不同区域进行识别，并按不同颜色进行着色区分；

建立员工心理咨询机制，使员工产生应激反应时可得到有效的心理疏导。

4.4.5 职业健康

企业应建立完善的职业健康保障机制，建立职业病防治责任制，包括但不限于：

按规定申报职业病危害项目，为从业人员创造符合国家职业卫生标准和要求的工作环境和条件，并采取措施保障从业人员的职业安全健康；

工会组织依法对职业健康工作进行监督，维护从业人员的合法权益；

定期对从业人员进行健康检查并达到标准要求，维护从业人员身心健康。

4.4.6 文明整洁

企业应按公司现场安全文明生产标准化要求，落实文明生产各项措施，实行定置管理，保持作业环境整洁、有序。

4.5 人文环境

企业应建立相互尊重、彼此理解、相互关心、彼此帮助的和谐人文环境，有效提高企业的整体利益和员工的共同利益，保障企业安全管理有序性、设备设施完好性、人的行为规范性。包括但不限于：

树立正确完整、切合实际、全员知晓的安全理念体系，全体员工围绕安全理念公开作出安全承诺，挖掘安全理念文化建设典型经验和优秀成果并展示；

营造良好和谐、团结互助的人际关系，充分发挥员工的积极性、创造性和团队作用；

为员工创造丰富的业余文化生活，组织开展“互保互助”活动，完善员工休假、疗养机制，以及提供其他正常的福利待遇，提高企业人文关爱；

建立完善正向激励机制、公平公正的导向机制，以及奖罚分明的绩效考核制度，为员工提供充分展现自我的舞台；

利用安全文化廊、安全角、黑板报、宣传栏等安全文化阵地，进行安全警示、温馨提醒，并每月更换一次内容。

4.6 公示与告知

4.6.1 安全承诺告知

企业应创新方式方法，在办公楼、道路、车间、餐厅、活动中心等公共区域及重点场所充分展示安全价值观、安全愿景、安全使命和安全方针与目标等安全承诺内容。包括但不限于：

开展演讲、展览、征文、书画、文艺会演等丰富多样的宣传活动，让安全承诺理念、知识技能进基层、进班组、进一线；

充分利用报、刊、网、台和新媒体广泛传播安全承诺理念，增加传播和接触频度；

将安全承诺融入企业经营管理，体现在企业规章制度之中，推动管理创新；

将安全承诺转化为员工行为准则、工作标准，做到内化于心、外化于行。

4.6.2 安全风险告知

企业应依据风险数据库编制相关安全风险告知，包括但不限于：

以生产（工艺）或车间为单元，在人员出入等显著位置，将风险“四色”（红、橙、黄、蓝，分别表示：重大风险、较大风险、一般风险、低风险）等级安全风险分布图进行公布和公示；

在有较大及以上等级风险的生产经营场所显著位置、关键部位和有关设施设备上设置明显安全、职业健康警示标志、标识，设立包括疏散路线、危险介质、危害表现和应急措施等内容在内的危险告知牌；

在厂房、车间墙壁、上班通道、班组活动场所等设置安全警示、温情提示等宣传用品。

每年度至少组织一次全员安全风险告知培训活动，新入职从业人员进入生产作业场所前，企业应进行专项安全风险告知培训，并做好培训记录；

制作领导层、管理层、一般作业人员岗位风险告知卡，编制入厂安全风险告知单、安全技术交底单，对进入生产作业场所的相关方人员进行安全风险告知，并做好记录。

## 5 学习、培训与改进

### 5.1 自主学习与改进

企业应建立自主学习与改进机制，创建便捷有效的安全学习模式，实现动态发展的安全学习过程，使员工从自己和他人的安全经历中主动寻找可供改进的经验，保证安全绩效的持续改进。包括但不限于：

组建各类学习型组织，大力加强对员工的培训工作，举办各类业务技能培训、安全技能培训、持证上岗、比武、练兵等系列培训活动，提升员工的安全技能；

加强安全线上培训，发挥新媒体传播优势，建立安全文化培训云课堂，为广大员工提供内容具体、形象生动的精品课程，有效利用“排行榜”等手段，激发学习热情；

鼓励员工对安全问题予以关注，进行团队协作，利用既有知识和能力，辨识和分析可供改进的机会，对措施提出改进建议，并在可控条件下授权员工自主改进；

有效利用自身经验开展培训，促使员工通过安全事件经验学习改进安全条件和行为。

有充足的安全生产书籍、音像资料和省级以上安全生产知识传播的报纸、杂志，定期发表安全生产方面的创新成果、经验做法和理论研究方面的文章。

安全自主学习过程的模式如图1所示。

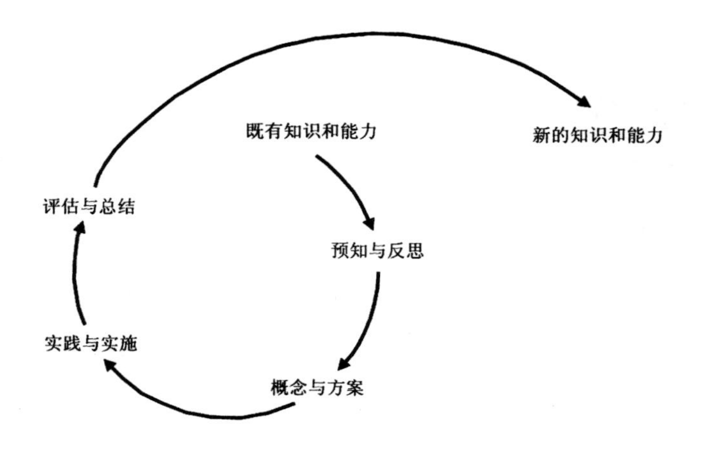


**图1 企业安全自主学习过程模式**

5.2 团队协作

5.2.1 内容

企业应建立团队协作学习、提升机制，全员形成良好的团队协作氛围，包括但不限于：

主动关心他人安全并善于保护他人安全；

拥有充分信任同伴的团队精神和安全素质；

愿意和同伴合作解决工作中遇到的问题；

以个人绩效促进团队安全绩效。

5.2.2 形式

企业应开展多种形式的团队协作活动，确保建立良好的团队氛围与文化，包括但不限于：

开展促进员工之间、部门（车间、场站）之间、员工与领导之间互学、互检、互助、互保等安全管理活动，形成自觉的团队安全行为习惯；

坚持行之有效的班组QC活动（质量控制小组活动）、团队KYT（Kiken Yochi Training）危险预知训练、人身风险预控分析和其他群众性创新活动，通过PDCA循环［又称戴明环，将质量管理分为四个阶段，即Plan（计划）、Do（执行）、Check（检查）、Action（处理）］，不断提升班组或团队的自主创新水平，达到自我提升的目的。

5.3 教育、培训与提高

5.3.1 能力与经历

企业应根据国家、公司有关要求，明确全员（包括外包从业人员）安全能力、资格、工作经历及安全生产标准化知识与能力。包括：

企业领导人员应接受的培训及应取得的安全资格；

安全管理人员，包括安全总监、安全监督部门负责人、安全专（兼）职管理人员应取得注册安全工程师资格或当地政府、公司规定的其他安全管理资格；

一般从业人员安全生产能力、资格、工作经历；

特种作业、特种设备作业的人员能力、资格、工作经历。

企业应按照公司安全生产教育培训标准化相关规定，自主建立并保持安全生产教育培训标准化管理体系，通过自我检查、自我纠正和自我完善，构建安全生产教育培训标准化管理长效机制，持续提升安全生产教育培训绩效。

5.3.2 教训与经验

企业应将与安全相关的任何事件，尤其是人员失误或组织错误事件，当作能够从中汲取经验教训的宝贵机会与信息资源，从而改进行为规范和程序，获得新的知识和能力。包括：

结合事故教训和良好经验，进行风险辨识、评估、风险数据库建设及风险预控；

把学习事故案例和防范措施作为企业安全活动的主要内容，根据事故的教训，编制和落实企业的“两措”（反事故措施和安全技术劳动保护措施）计划，并将防范措施上溯到设计、设备采购等环节和下传到外委工程施工单位等相关方；

将经验教训、改进机会和改进过程的信息，融入企业内部培训课程或宣传教育活动的内容中，通过成果的发布和论文的评审，使员工广泛知晓，完成创新提高后水平的固化。

## 6 安全事务参与

### 6.1 责任意识

企业应加强全体员工安全责任意识建设，使员工充分认识到自己负有对自身、他人和企业安全作出贡献的重要责任，领会严格遵守安全规范以及个人安全职责的重要意义，明白一旦偏离制度和标准将带来的不利影响和后果。员工责任意识包括但不限于：

应主动关心团队安全绩效，对不安全问题保持警觉并主动报告；

应能够自觉维护安全权利，具备风险辨识及事故隐患识别能力，发现隐患应当立即报告；

应对生产中的违章行为敢于制止并检举；

应严格遵守企业安全生产规章制度和操作规程，服从管理，正确佩戴和使用劳动防护用品；

应当接受安全生产教育和培训，掌握本职工作所需的安全生产知识，提高安全生产技能，提升事故预防和应急处理能力；

应积极参与安全事务，提出自己的安全建议。

### 6.2 途径与形式

企业应根据自身的特点和需要确定员工参与的形式，达到员工广泛参与安全事务的目的。员工参与的方式可包括但不局限于以下类型：

建立在信任和免责基础上的微小差错员工报告机制；

成立员工安全改进小组，给予必要的授权、辅导和交流；

开展岗位人身安全风险分析和不安全行为或不安全状态的自查自评活动；

定期召开各类安全学习活动，进行危险预知分析，明确告知工作危险点和采取控制的措施；

定期召开安全生产委员会或职代会，提出和讨论安全绩效、安全工作思路、年度安全目标、改进行动，签订安全责任状，收集和实施安全合理化建议等。

6.3 安全活动

6.3.1 班组安全日

企业应将安全理念、价值、使命、风险辨识、危险预知训练等融入班组安全日活动，并采用丰富多彩的形式，形成企业特有的班组安全日活动文化。

班组应每周进行1次安全日活动。安全日活动应全员参与，并做好记录。

#### 6.3.2 安全生产月

企业应每年结合实际，紧紧围绕全国“安全生产月”活动主题，积极开展形式多样、内容丰富的“安全生产月”活动，着力加强安全培训，增强安全意识，强化责任落实，提升安全能力，全力普及安全生产知识和安全生产法规，努力建设企业特有的“安全生产月”活动文化。

#### 6.3.3 其他安全活动

企业应结合全国防灾减灾日、消防宣传月、环境宣传日、事故警示日等创建活动，积极开展特色安全文化活动。

企业应定期组织体验式安全与应急知识、专业技能和基本功训练等活动，并设置相应的奖励和激励措施。

## 7 承包商无差异化

### 7.1 “六同”管理[17]

企业应建立健全承包商安全管理制度，严把准入关、责任关、稳定关、监督关、验收关，按照企业生产部门（车间、场站）、班组管理要求，对承包商实行一体化、无差别管理，实行同对待、同要求、同标准、同培训、同检查、同考核的“六同”管理。包括：

统一推行安全生产标准化建设、统一推行班组建设、统一进行安全教育培训、统一监管考核；

完善承包商安全环保考核制度，强化源头管理，明确承包商的安全责任；

加强过程管控，把承包商的安全管理纳入企业日常管理之中；

建立承包商参与安全事务和改进过程的机制，共同参与安全文化建设，将与承包商有关的政策纳入安全文化建设的范畴，让承包商参与工作准备、风险分析和经验反馈等活动。

7.2 沟通与反馈

企业应建立与承包商的沟通与反馈机制，加强与承包商的沟通和交流，必要时给予培训，使承包商清楚企业的要求和标准，确保承包商安全管理的顺畅。包括但不限于：

企业相关管理人员定期参加承包商的安全活动，了解承包商安全生产情况，指导、协调承包商开展安全生产工作，倾听承包商针对企业生产经营过程中存在的问题提出的安全意见；

在与承包商沟通的过程中，必须考虑法律法规的要求和企业安全生产标准化管理要求，必须考虑承包商的观点与反馈信息，并确保双方信息的一致性。

信息沟通与反馈的途径宜采用书面文件、会议等方式。企业应保留文件化信息作为沟通的证据。

## 8 推进与保障

8.1 规划与计划

企业应充分认识安全文化建设的阶段性、复杂性和持续改进性，应由企业主要负责人组织制订推动企业安全文化建设长期规划和阶段性计划。规划和计划应在实施过程中不断完善。

8.2 机制与措施

企业应建立健全安全文化建设各项机制与保障措施，包括：

明确安全文化建设的领导职能，建立领导机制；

确定负责推动安全文化建设的组织机构与人员，落实职能；

保证必需的安全及标准化建设资金投入；

配置适用的安全文化信息传播系统。

8.3 内训师培养

企业应建立安全文化培训师管理机制，在管理者和普通员工中选拔、训练和培养一批能够有效推动安全文化发展的专、兼职内部培训教师，确保内训师队伍建设进入良性循环，包括：

通过多种渠道的内、外部培养，提高内训师教育培训能力；

对内训师实行动态管理，建立进入和退出机制并落实待遇；

将内训师的聘任和岗位成才或个人绩效评价与考核机制进行

有效挂钩；

定期进行培训效果评价，每年对内训师进行奖惩，并调整公布。

内训师作为企业安全文化建设过程中的知识和信息传播者，承担着辅导和鼓励全体员工向良好的安全态度和行为转变的职责。包括：

通过授课或经验交流，为员工宣讲企业安全文化和理念；

以师带徒，进行岗位技能、安全技能的传授；

开展行为观察，为现场作业提供技术指导和监督。

## 9 检查与评价

### 9.1 一般要求

企业应建立安全文化监督评估机制，按照相关规章制度和安全文化建设标准化规范等要求开展安全文化建设的监督、检查和内部审核工作。

### 9.2 监督与检查

企业各有关职能部门，应按照各自职能分工，根据本规范及其他安全生产标准化要求，定期开展行为规范、行为激励、安全环境、文化提升等方面的监督检查。

监督检查包括以下内容：

员工对本企业的核心安全理念的知晓率和认可度；

企业安全管理制度体系的适宜性、履行情况；

员工日常安全行为规范与标准的契合度，对潜在不安全因素及时纠偏和处理的速度；

员工掌握安全生产相关法律、法规和制度、应急处置和自救互救等知识技能的情况；

员工识别岗位作业风险、排查岗位安全隐患技术技能的情况。

监督检查结果应形成记录或文件，作为考核、改进的依据并进行处置。

9.3 内部评价

9.3.1 评价策划

企业应每年实施一次安全文化建设内部评价（评价可以与安全生产其他评价合并进行），须提供下列信息：

安全文化建设管理体系是否符合企业自身的安全文化建设管理体系要求，包括安全文化承诺和安全生产目标；本制度的要求；安全文化建设管理体系是否得到有效实施和保持。

9.3.2 评价方案

企业应在考虑相关过程的重要性、以往检查评价的结果，包括其他安全生产标准化评价的情况下，策划、建立、实施和保持包含频次、方法、职责、协商、策划要求和报告在内的评价方案，包括：

规定评价的审核准则和范围；

选择合适人员并实施评价，以确保评价过程的客观性和公正性；

确保向相关管理者报告评价结果；确保向员工及其代表以及其他相关方报告评价结果；

采取措施，以应对不符合和持续改进安全绩效及其安全文化建设；

保留文件化信息，作为评价方案实施和评价结果的证据。

## 10 持续改进

### 10.1 管理评审

#### 10.1.1 评审计划

企业主要负责人应每年组织一次企业安全文化建设管理体系评审，以确保其持续的适宜性、充分性和有效性。管理评审应包括对下列事项的考虑：

以往管理评审所采取措施的状况；

与安全文化相关的内部和外部议题的变化，包括法律法规要求和公司要求、风险和机遇变化；

安全生产方针和目标的实现程度；

安全生产绩效方面的信息，包括事件、不符合项、纠正措施和持续改进措施、行为激励、员工感受、内部评价结果等方面的趋势；

保持有效的安全文化建设管理体系所需资源的充分性；

与相关方的有关沟通；

持续改进的机会。

10.1.2 评审实施

企业安全文化建设管理评审会议应由主要负责人主持，参加人员包括但不限于：安全生产委员会全体成员、企业分管领导、各部门（车间、场站）负责人、专职安全监督人员、部门（车间、场站）安全员等。

管理评审会议应开展包括但不限于以下工作：

安全文化建设职能部门报告体系运行、监督、考核等情况；

各部门报告安全文化建设情况；

根据体系运行情况报告等讨论、评价安全文化建设标准化的依从度，提出改进的项目与措施；

主要负责人做出评审结论，对发现问题的纠正、预防措施明确责任部门和完成日期。

10.1.3 评审报告

安全文化建设评审应以《管理评审报告》的形式输出，并经主要负责人审批后下发至相关部门或人员。《管理评审报告》应包括但不限于以下内容：

管理评审的目的、时间、参加人员及评审内容；

安全文化建设标准化的适用性、充分性、有效性的综合评价和需要的改进；

管理方针、目标、指标适宜性的评价及需要的更改；

资源改进需求的决定和措施；

管理评审所确定的改进措施、责任部门和完成日期。

企业主要负责人应就相关的管理评审输出与员工及其代表进行沟通。企业应保留文件化信息，以作为管理评审结果的证据。

10.2 持续改进

10.2.1 不符合项及纠正措施

企业应建立、实施和保持包括报告、调查和采取措施在内的过程，以确定和管理安全文化建设事件和不符合项。当事件或不符合项发生时应采取以下措施：

及时对不安全文化事件和不符合项做出反应，并在适用时采取措施予以控制和纠正，并按安全生产标准化有关规定处置后果；

通过下列活动，评价是否采取纠正措施，以消除导致事件或不符合项产生的根本原因，防止事件或不符合项再次发生或在其他场合发生：

调查事件或评审不符合项；

确定导致事件或不符合项发生的原因；

确定类似事件是否曾经发生过，类似不符合项是否存在，或它们是否可能会发生；

按照控制层级和变更管理，确定并实施任何所需的措施，改进行动规范；

在采取措施前，评价新的或变化着的安全文化风险；

进行闭环管理，评审任何所采取措施的有效性，包括纠正措施；

在必要时，改进安全文化建设管理体系；

纠正措施应与事件或不符合项所产生的影响或潜在影响相适应，在落实“四不放过”的同时，考虑积极正向教育引导；

企业应保留不符合项、纠正预防的记录。

10.2.2 持续改进

企业应根据安全文化建设标准化管理的内部评审情况及公司

年度安全环保考核评级结果，及时采取完善制度、健全体系、优化管理等纠正措施，不断提高安全文化建设管控水平，持续改进安全文化建设标准化管理的适宜性、充分性与有效性。

主要工作包括但不限于：

提升安全生产绩效；

强化安全文化建设教育，提升全员安全意识及行为规范性；

促进全员参与安全生产及其标准化管理的持续改进和措施实施，提升责任意识、标准化意识；

持续完善各级、各岗位安全生产规章制度，健全行为规范、标准；

持续改善安全环境和作业条件，提高员工文化感知、感受和认可度，促进体系及标准化文化发展。

# 第五章 安全环境文化

安全环境文化建设主要包括安全文化阵地建设、安全文化教育窗口建设、应急演练常态化建设等方面内容。

安全文化阵地建设。加强网站、微信公众号等新媒体建设，构建功能互补、影响广泛、富有效率的安全文化传播平台，提高安全文化传播能力。探索以一线班组岗位为安全文化建设重点，建设以地域文化和安全文化相结合的、有企业自身特色的一线岗位安全文化，激发员工强烈的责任心和自主行动的安全使命。

安全文化教育窗口建设。探索推进融知识性、直观性、趣味性于一体的应急处置教育（警示）展板以及安全文化主题沙龙、主题栏目建设。建设特色鲜明、形象逼真、触动心灵、效果突出的安全管理宣传教育展示栏，在工作岗位上设置温馨的安全提示，提高员工对安全知识的感性认识，增强安全意识和技能。

应急演练常态化建设。根据本企业的安全风险特点，积极开展形式多样的应急演练活动，根据不同行业要求，每年至少组织一次综合性或专项应急演练，每半年至少组织一次现场处置方案演练，实现演练常态化，重点车间、班组、岗位演练经常化。有计划地编制演练科目和方案，建立现场影像记录资料库，对针对性强、实用性突出的演练影像进行推广。

## 一、编制安全环境文化建设方案

### 1 设计理念

着眼点：安全文化环境设计是展示企业形象，体现企业价值观的重要手段。在对原有企业文化和价值观进行深入调研和思考的基础上，抓住安全文化多样性、普遍性的特点进行设计。

立足点：力争充分反映企业富有科技感、现代感和工业特点的文化内涵、精神风貌和管理水平，营造良好的安全环境氛围。

目标：突出环境感染人、熏陶人的作用，树立企业品牌形象，彰显企业行业特色。

### 2 设计风格

秉持端庄、大气（或者其他）的设计风格，以富有科技感、现代感的蓝色（或者其他）为主色调，与体现现代工业特点的黑白灰色（或者其他）、企业LOGO色等色调巧妙结合，突出安全文化主题。

### 3 安全环境文化现场布置

设计安装现场安全文化宣传广告牌；设计、规划安全通道；配备安全设施；设置标志标识、安全色标；等等。

## 二、环境文化建设实施内容

### 1 厂区规划布局安全环境文化园地

打造“1·1·1”安全环境文化园地，即“一条安全文化长廊、一个应急技能知识园地、一面安全原理学习墙”。

### 2 进行目视化管理

实行定置化管控，通过安全标志标识、安全色彩色标的运用，对设备设施、工具器材进行物品定置，对安全区域和高危区域进行区域划分，实现工作现场有序、整洁、安全。

### 3 加强体验式安全文化场所建设

通过体验式安全文化场所，增强员工危机处置能力和风险防范意识，促进员工锻炼安全意识的敏锐性和动作的准确性，提高安全技能。

### 4 打造安全管理“三区”工程

安全管理“三区”（危险区、警戒区、安全区）工程是安全环境文化中的“硬”环境建设，既能提升“物态”的本质化安全程度，又能推动安全理念的普及和安全行为习惯的养成。企业充分借鉴全国示范企业创建经验，密切结合自身安全管理需要，针对企业重点安全场所，按照“三区”进行分区管理。

通过以上内容的有效实施，切实提升企业安全环境标准化、科学化水平，逐步形成安全可靠、便捷有效、系统科学的安全生产环境文化氛围，营造具有企业自身特色安全生产工作环境，进一步提高员工对安全工作极端重要性的认识，形成领导层带头重视安全文化、管理层主动投身安全管理、操作层自觉遵守安全规定的安全行为习惯，切实提高全员安全素质、规范全员安全行为，推动企业安全文化不断进步和发展。

## 三、环境文化建设基本素材

### 1 有关安全工作的法律法规

定期识别和及时更新法律法规、规章标准，把党和国家的安全生产方针、政策、法律法规和企业的各项安全生产制度、规章、作业规程落实到企业的生产、管理、技术各个方面，落实到所有环节、所有岗位和所有人员。在保障职工安全健康的前提下组织生产劳动，不具备安全生产条件的，不得从事生产活动。

### 2 当地本土文化

将本土文化融入企业的安全文化，可以有效激活企业安全文化的生命力，使得安全文化更容易在员工之间生根发芽，散叶开花。本土文化并非特指传统文化，它是各种文化经过当地人民长久以来的习惯和思维方式沉淀后的结晶，是重新阐释的文化，具有独特性、民族性与纯粹性，是本土独创的一种文化形式，如今是传统文化进行整合发展的一种文化形式。本土文化已逐渐融入国际化的范围内，是国际化的基础组成部分。

### 3 行业理念（集团理念）

行业理念（集团理念）是本行业（本集团）企业在持续经营和长期发展过程中，形成的本行业（本集团）优良传统，适应时代要求，由本行业（本集团）企业家积极倡导，全体员工自觉实践，从而形成的代表本行业（本集团）信念、激发企业活力、推动企业生产经营的团体精神和行为规范。

### 4 “全国安全生产月”主题

“全国安全生产月”是经国务院批准，由国家经委、国家建委、国防工办、国务院财贸小组、国家农委、公安部、卫生部、国家劳动总局、全国总工会和中央广播事业局等十个部门共同作出决定，于1980年5月第一次在全国开展“安全月”活动，并确定今后每年6月都开展“安全月”活动，使之经常化、制度化。“安全月”活动每年都会有不同的主题，应当在企业内部广泛宣传贯彻“安全月”主题，使“安全月”活动深入人心。

### 5 企业文化

企业文化是企业在生产经营实践中逐步形成的，为全体员工所认同并遵守的、带有本企业特点的使命、愿景、宗旨、精神、价值观和经营理念，是这些理念在生产经营实践、管理制度、员工行为方式与企业对外形象中的体现的总和。企业文化是企业的灵魂，其核心是企业的精神和价值观。

### 6 企业安全文化

企业安全文化是企业为提高员工自身安全能力所采取的一系列工作措施和取得的工作成效的总和，是企业在生产经营过程中形成的保护员工生命安全健康，且被全体员工广泛认同和共享的安全文化理念、安全管理制度、安全环境和安全行为的综合体现。

## 7 企业安全理念

企业通过开展企业安全文化建设工作，使“人民至上、生命至上”的理念深入人心，全面实施安全发展战略，使安全知识得到广泛普及，提高一线从业人员安全意识和防灾避险、自救互救能力，不断强化安全管理法治意识，增强依法依规从事安全管理工作的自觉性。营造有利于安全管理工作的舆论氛围，建立健全自我约束和持续改进的安全文化建设机制等，夯实安全管理工作保障基础。

## 8 企业安全文化建设指导思想

以习近平总书记关于安全生产的重要论述为准则，以提升企业安全能力为核心，以规范职工行为为重点，以风险辨识与隐患排查为基础，完善管理体系、深化责任落实、加强基础建设、提升管控水平，积极推进安全文化建设，为应对生产安全事故提供强大保障。

## 9 设置与企业实际需求密切相关的应急救援技能知识宣传培训图片墙

通过在厂区设置“触电急救”“心肺复苏法教学”“灭火器使用方法”等应急救援技能知识宣传培训图片墙，用广大员工喜闻乐见的方式进行潜移默化的宣教，使安全知识、安全技能入脑入心。

## 10 安全原理

### 10.1 墨菲定律[18]

墨菲定律源于美国空军1949年进行的关于“急剧减速对飞行员的影响”的研究，参加实验的志愿者们被绑在火箭驱动的雪橇上，当飞速行驶的雪橇突然停止时，实验人员会监控他们的状况。监控器具是美国空军上尉工程师爱德华·墨菲所设计的甲胄，甲胄里面装有电极。有一天，在通常认为无误的测试过程中，甲胄却没有记录任何数据，这使技术人员感到非常吃惊。墨菲后来发现甲胄里面的电极每一个都放错了，于是他即席说道：“如果某一件事情可以有两种或者两种以上的方法来实现，而其中的一种方法会导致灾难性的错误，尽管可能性很小，但这一错误往往还是会发生。”墨菲这一说法后来被总结成墨菲定律，即如果坏事有可能发生，不管这种可能性多么小，它总会发生，并可能引起更大的损失。

10.2 金字塔法则[19]

金字塔法则又称“成本法则”，属于安全经济学范畴，其内容为：系统设计1分安全性=10倍制造安全性=1000倍应用安全性。意为企业在生产前发现一项缺陷并加以弥补，仅需1元钱；如果在生产线上被发现，需要花10元钱的代价来弥补；如果在市场上被消费者发现，则需要花费1000元的代价来弥补。

10.3 多米诺骨牌效应[20]

在多米诺骨牌系列中，骨牌竖着时，重心较高，倒下时重心下降，倒下过程中，将其重力势能转化为动能，它倒在第二张牌上，能量转移到第二张牌上，第二张牌将第一张牌转移来的动能和自己倒下过程中由本身具有的重力势能转化来的动能之和，再传到第三张牌上……所以每张牌倒下的时候，具有的动能都比前一张牌大，因此它们的速度一个比一个快，也就是说，它们依次推倒的能量一个比一个大，故而产生连锁反应。但如果移去中间的一枚骨牌，则连锁被破坏，骨牌依次碰倒的过程就会中止。如果一个小的违章不被及时制止，就会给安全生产埋下巨大的事故隐患， 进而可能引发不堪设想的后果。在一个错综复杂的工厂里，无论是谁在哪个环节稍有疏忽或遗漏，或在作业过程中某关口卡得不严，都有可能造成不可挽回的严重后果。

### 10.4 冰山效应[21]

冰山效应揭示出安全事故的发生类似于海中漂浮的冰山，暴露的问题只是冰山一角。水面下看不到的地方还有许多未暴露的潜在的问题等。在安全生产工作中，造成死亡事故与严重伤害、未遂事件、不安全行为形成一个像冰山一样的三角形，一个暴露出来的严重事故必定有成千上万的不安全行为掩藏其后，就像浮在水面上的冰山只是冰山整体的一小部分，而冰山隐藏在水下看不见的部分，却庞大得多。

### 10.5 安全度量定律

安全度量定律即采用定量的描述形式，对安全性进行描述，即安全度S=1-R（p，l）其中，R是系统的风险，p指的是事故发生的可能性，主要与人的不安全行为、物的不安全状态、环境的不良和管理的欠缺有关；l 指的是可能发生事故的严重性，与时态因素、客观危险性因素、应急能力等有关。如果某种风险发生的后果很严重，但发生的概率极低；另一种危险发生的后果不是很严重，但发生的概率很高，那么有可能后者的危险度高于前者，前者比后者安全。因此，安全度量定律揭示了安全与风险既对立又统一的关系，安全度的影响因素是风险程度，实现安全的最大化主要就是要实现风险的最小化。

### 10.6 “最低合理可行”原则

“最低合理可行”原则（As Low As Reasonably Practicable，ALARP）的含义是：任何工业系统都是存在风险的，不可能通过预防措施来彻底消除风险；而且，当系统的风险水平越低时，要进一步降低就越困难，其成本往往呈指数曲线上升。也可以这样说，安全改进措施投资的边际效益递减，最终趋于零，甚至为负值。因此，必须在工业系统的风险水平和成本之间作出一个折中。为此，实际工作人员常把“最低合理可行”原则称为“二拉平原则”。

### 10.7 蝴蝶效应[22]

蝴蝶效应是美国气象学家爱德华·诺顿·洛伦茨1963年在《决定论的非周期流》的论文中首次提出，主要为了说明天气的长期预报是不可能的。1979年12月，爱德华·诺顿·洛伦茨在华盛顿的美国科学促进会的再一次讲演中提出：蝴蝶翅膀的运动导致其身边的空气系统发生变化，并引起微弱气流的产生，而微弱气流的产生又会引起它四周空气或其他系统产生相应的变化，由此引起连锁反应，最终导致其他系统的极大变化。爱德华·诺顿·洛伦茨把这种现象戏称作“蝴蝶效应”，即“一只蝴蝶在巴西扇动翅膀，有可能会在美国的得克萨斯州引起一场龙卷风”。

蝴蝶效应启示我们：一个小小的违章，如不经制止和解决，最终就会引发事故。

10.8 PDCA管理循环原理[23]

PDCA管理循环，是美国质量管理专家沃特·阿曼德·休哈特首先提出，后由戴明采纳、宣传，并获得普及，故又称戴明环。它是全面质量管理所应遵循的科学程序。PDCA是英语单词Plan（计划）、Do（执行）、Check（检查）和Action（处理）的第一个字母，是全面质量管理体系运转的基本方法，需要搜集大量数据资料，并综合运用各种管理技术和方法。全面质量管理活动的全部过程，就是质量计划的制订和组织实现的过程，这个过程就是按照PDCA循环，周而复始地运转。PDCA管理循环原理促进了管理思维和工作步骤的条理化、系统化、图像化和科学化，通过大环套小环，大环保小环的形式，互相促进，推动大循环。

10.9 系统安全理论

系统安全理论要研究两个系统对象：一是事故系统；二是安全系统。事故系统涉及四个要素，通常称“4M”要素，即人（Men）、机（Machine）、环境（Medium）、管理（Management）。安全系统涉及的四个要素是人（人的安全素质）、物（设备与环境的安全可靠性）、能量（生产过程能的安全作用）、信息（充分可靠的安全信息流）。认识事故系统要素，对指导我们从打破事故系统来保障人类的安全具有实际的意义，这种认识带有事后性的色彩，是被动、滞后的，而从安全系统的角度出发，则具有超前和预防的意义。

10.10 本质安全定律[24]

本质安全的概念最初源于20世纪50年代宇航技术界，主要用于电气设备。本质安全是指通过设计等手段使生产设备或生产系统本身具有安全性，即使在误操作或发生故障的情况下也不会造成事故。具体包括失误—安全功能（误操作不会导致事故发生或自动阻止误操作）、故障—安全功能（设备、工艺发生故障时还能暂时正常工作或自动转变成安全状态）。本质安全定律就是致力于系统追向、本质改进，通过优化资源配置和提高管理系统的完整性，追求生产过程中“人、物、环境”的安全可靠、和谐统一，使各危险因素始终处于受控制状态，把握影响安全目标实现的本质因素，找准可牵动全系统的危险因素，实现风险最小化和安全最大化。

10.11 安全细胞理论

安全细胞理论是针对企业安全管理系统提出的一种形象化方

法论，一般认为班组是企业的细胞，模仿生命细胞特征和形象的规律，指导企业安全建设。安全细胞理论认为，企业安全管理工作的好坏与三个要素密切相关，它们分别为员工、岗位和现场。企业要取得安全基础管理的成功，关键要在这三个基本要素上下功夫，使其可以健康运行和动态整合。这三个要素互相联系，所构成的模型就是班组细胞理论模型。

10.12 6S现场管理法则[25]

6S现场管理法指的是生产管理现场整理（Seiri）、整顿（Seiton）、清扫（Seiso）、清洁（Seiketsu）、素养（Shitsuke）、安全（Safety）六个项目，因均以“S”开头，简称6S。6S现场管理法则最早起源于日本的5S现场管理法，1955年，日本提出现场管理的宣传口号“安全始于整理整顿，终于整理整顿”，当时只推行了前2S，其目的仅确保作业空间和安全，后因生产控制和品质控制的需要，而逐步提出后续3S，即“清扫、清洁、素养”；1986年又扩展为5S，并在日本企业中形成热潮，日企将5S活动作为工厂管理的基础，推行各种品质管理手法，5S对于提升企业安全生产、标准化推进、创造良好工作场所等方面的巨大作用逐渐被各国管理界认识。我国企业在5S现场管理的基础上，增加了安全（Safety）要素，形成“6S”。

### 10.13 设备生命周期原理[26]

设备生命周期原理主要指产品的设计制造到设备的规划、选型、安装、使用、维护、更新、报废整个生命周期的技术和经济活动，其核心与关键在于正确处理设备可靠性、维修性与经济性的关系，确定维修方案，建立设备生命周期档案，提高设备有效利用，发挥设备的高性能，以获取最大利益。大多数产品随着使用时间的变化，故障率的变化模式可分为三个阶段，这三个阶段综合反映了产品在整个寿命期的故障特点，也称“浴盆曲线”。

### 10.14 安全管理3E原理

安全管理3E原理是人们在长期的安全活动实践中，总结确立的安全对策理论之一。“3E”即Engineering（工程技术）、Enforcement（强制措施）、Education（教育培训），三者构成横向的安全保障体系，是形式逻辑，也称安全生产管理中的“人防”“管防”“技防”。Engineering（工程技术）是实现本质安全化的重要基础，是通过工程项目和技术措施，或改善劳动条件来提高生产的安全性；Enforcement（强制措施）既包括物的因素，即生成过程设备、设施、工具和生产环境的标准化、规范化管理，也涉及人的因素，即作业人员的行为科学管理；Education（教育培训）是安全素养提升、进阶自我管控的重要保障。

## 10.15 海因里希法则[27]

1931年，海因里希统计了55万起机械事故，其中死亡和重伤事故1666件，轻伤48334件，其余则为无伤害事故，因而得出一个重要结论，即在机械事故中，死亡和重伤、轻伤、无伤害事故的比例为1:29:300，这就是“海因里希法则”。1969年，博得调查了北美保险公司承保的21个行业1753498起事故，也得到了类似的结论，壳牌石油公司统计了石油行业的事故，也得到了类似的结论。这些统计规律说明，在进行同一项活动中，不同程度的事故具有从轻到重、从小到大的金字塔规律，即每一起严重事故的背后，有29次一般事故和300起未遂事故以及1000起事故隐患和无穷个危险因素或危险源。要防范严重的事故，需要从一般性事故入手，减少和消除无伤害事故，重视事故苗头和未遂事故、险肇事故。

## 10.16 变化—失误理论

变化—失误理论是约翰逊在对管理疏忽与危险树（MORT）的研究中提出并贯穿其理论之中的。其主要观点是：事故是由意外能量释放引起的，这种能量释放的发生是由于管理者或操作者没有适应生产过程中物的或人的因素变化，产生了计划错误或人为失误，从而导致不安全行为或不安全状态，破坏了对能量的屏蔽或控制，发生了事故，从而由事故造成生产过程中人员伤亡或财产损失。

10.17 事故频发倾向理论[28]

该理论主要阐述企业工人中存在着个别人容易发生事故的、稳定的、个人的内在倾向的一种理论。1919年，格林伍德和伍兹对许多工厂里伤害事故发生次数资料进行研究，发现事故的发生主要是由于人的因素引起的。1926年纽鲍尔德研究大量工厂中事故发生次序分布，证明事故发生次数服从发生概率极小，且每个人发生事故概率不等的统计分布规律。1939年，法默和查姆勃明确提出事故频发的概念，认为事故频发倾向者的存在，是工业事故发生的主要原因。心理学的“事故倾向理论”认为，有一些人比另一些人更容易出事故，其主要原因一方面是事故频发倾向者的性格存在轻率、暴躁等特征，另一方面是事故遭遇倾向者存在着与职业不适应的生理特点。

10.18 能量意外释放理论[29]

1961年，吉布森提出了能量意外释放理论，他认为，事故是一种不正常的或不希望的能量释放，各种形式的能量是构成伤害的直接原因，应该通过控制能量或控制作为能量到达人体媒介的能量载体来预防伤害事故。能量意外释放理论从事故发生的物理本质出发，阐述了事故的连锁过程：由于管理失误引发的人的不安全行为和物的不安全状态及其相互作用，使不正常的或不希望的危险物质和能量释放，并转移于人体、设施，造成人员伤亡和（或）财产损失，事故可以通过减少能量和加强屏蔽来预防。人类在生产、生活中不可缺少的各种能量，如因某种原因失去控制，就会使能量违背人的意愿而意外释放或逸出，使进行中的活动中止而发生事故，导致人员伤害或财产损失。

10.19 马斯洛需求层次理论[30]

马斯洛需求层次理论，是由美国心理学家亚伯拉罕·马斯洛于1943年在《人类动机理论》论文中提出的。这种理论认为，人类动机的发展和需要的满足存在密切的关系，需要的层次有高低的不同，共五层。低层次为生理需求，向上依次是安全需求、社交需求、尊重需求和自我实现的需求。在组织安全管理方面，管理者若一味强调员工要把安全意识融入思想灵魂中，并不能起到立竿见影的效果，但如果能够主动了解不同员工在不同时期需求的差异性，并采取有针对性的激励办法满足员工的不同层次需求，将会有所收获。

10.20 酒与污水定律

“酒与污水定律”是管理学上一个有趣的定律，指把一杯酒倒进一桶污水中，得到的是一桶污水；如若把一杯污水倒进一桶酒中，得到的还是一桶污水。显而易见，污水和酒的比例并不能决定这桶东西的性质，真正起决定作用的就是那一杯污水，只要有它，再多的酒都成了污水。酒与污水定律说明对于坏的组员或东西，要在其开始破坏之前就及时处理掉。在任何组织里，几乎都存在几个具有事故频发倾向的员工，他们的存在就像是滴入了酒水的污水，如果不及时处理，就会迅速降低企业的整体安全水平。

10.21 木桶原理[31]

“木桶原理”也属于管理学的重要论述，即盛水的木桶是由许多块木板箍成的，盛水量也是由这些木板共同决定的。若其中一块木板很短，则此木桶的盛水量就被短板所限制。这块短板就成了这个木桶盛水量多少的“限制因素”。若要使此木桶盛水量增加，只有换掉短板或将短板加长才能做到。人们把这一规律总结为“木桶原理”或“木桶定律”，又称“短板理论”。简言之，木桶的容量取决于最短的那块木板。一只木桶能装多少水，不是取决于最长的那块木板，而是取决于最短的那块木板。劣势决定优势，劣势部分往往决定整个组织的水平。企业要围绕“木桶原理”做实做强安全管理，严防各类事故发生。首先，要知道短板所在，从而有的放矢，从严从实抓起来、管起来、干起来，不能有麻痹思想；其次，要求安全管理者充分利用资源，有计划、有步骤地补齐短板。安全短板的出现可能是由诸多因素造成的，安全管理者不能因问题隐蔽或头绪太多而视而不见，任其威胁员工安全、阻碍企业发展。

10.22 格瑞斯特定理[32]

杰出的策略必须加上杰出的执行才能奏效，这是美国杰出的企业家H.格瑞斯特经过多次成与败的实践之后总结出来的定律。如果把成功的过程比喻成修建房屋，那么杰出的策略就好比美妙的设计蓝图，而执行就好比建筑过程中的添砖加瓦，万丈高楼纵然是平地起，没有修建的过程也无法“起”。因此，策略就像企业成功的蓝图一样，为企业指出方向，而执行则使这张蓝图变为现实。这一原理正是强调内部执行力对于决策成功运行的重要意义。

10.23 慧眼法则

有一次，福特汽车公司一大型电机发生故障，很多技师都不能排除，最后请德国著名的科学家斯特曼斯进行检查，他在认真听了电机自转声后在一个地方画了条线，并让人去掉16圈线圈，电机果然正常运转了。他随后向福特公司要1万美元作为酬劳。有人认为画条线只值1美元而不是1万美元，斯特曼斯在单子上写道：画条线值1美元，知道在哪儿画线值9999美元。安全管理人员要了解掌握本企业安全生产管理现状，熟知相关法律法规、标准规范、安全操作规程和事故案例，造就一双“慧眼”，熟练准确发现安全问题和隐患，采取措施，及时整改问题和隐患，不断改进和加强安全生产工作。

10.24 安全链条原理

安全是一个闭合的链条，每一个链环可以是一个岗位也可以是一个细节。任何一个链环的断裂，都会危及上下链环以及整个链条。安全系数是由各个岗位或每个细节链环的闭合程度决定的，作为企业员工，千万不要去做不合格的链环，或是由于疏忽造成链环的断裂。

10.25 跳蚤实验原理

生物学家曾经将跳蚤随意向地上一抛，它能从地面上跳起一米多高。但是如果在一米高的地方放个盖子，这时跳蚤会跳起来，撞到盖子，而且是一再地撞到盖子。一段时间过后，拿掉盖子就会发现，虽然跳蚤继续在跳，但已经不能跳到一米以上了，直至结束生命都是如此。安全事故的确存在多发性、偶发性，很多安全管理人员自我限定为“安全事故不可避免”，擅自降低安全目标，行动自然大打折扣，结果肯定不尽如人意。必须设定

“零事故”安全目标，并为之不懈努力。

### 10.26 鲦鱼效应

鲦鱼效应又称为“头鱼理论”。德国动物学家霍斯特发现了一个有趣的现象：鲦鱼因个体弱小而常常群居，并以强健者为自然首领。然而，如果将一只较为强健的鲦鱼脑后控制行为的部分割除后，此鱼便失去自制力，行动也发生紊乱，但是其他鲦鱼却仍像从前一样盲目追随它。鲦鱼的首领行动紊乱导致整个鲦鱼群行动紊乱。同样地，在一个企业或组织中，只要主要负责人出现问题，那么整个企业或者组织也就不可避免地会出现问题。主要负责人是一个企业的核心脊梁，因此必须对企业的发展承担责任。

### 10.27 球体斜坡原理

球体斜坡原理指的是众人在斜坡上往上推球，众人协力，推力越大，球体上升越高。稍有懈怠松劲，球就下滑，而且首先伤到的就是推球的人。安全工作也如同众人在斜坡上推球一样，大家齐心协力抓安全，遇到安全隐患或违章行为及时处理和制止，安全工作就不会出问题。但是，如果我们的安全意识下降，对安全工作持有侥幸麻痹心理或事不关己高高挂起的思想，那么，安全工作就没有保障，就像推至半坡的球体一样急速下滑。

10.28 九〇法则

90%×90%×90%×90%×90%=59.049%。安全生产工作不能打任何折扣，安全生产工作90分不算合格。主要负责人安排工作，分管领导、主管部门负责人、队长、班组长、一线人员如果人人按90分去完成（完成90%），安全生产执行力层层衰减，最终的结果就是不及格（59.049%），就会出事故，出大问题。

10.29 热炉法则

顾名思义，当人用手去碰烧热的火炉时，就会受到“烫”的惩罚。因而，热炉法则又被称为惩处法则，它将惩罚作为管理的一种基本方法，一个组织必须具有大家遵循的行为准则，当一个组织行为准则的底线被突破时，必须给予这些人一定的惩罚。热炉法则的表现特征是，任何人任何时候以任何方式触碰热炉都会被灼伤。

10.30 帕累托定律[33]

帕累托定律又称二八定律、80/20法则、关键少数法则等，广泛应用于社会管理及企业管理。其原理是在投入与产出、努力与收获、原因与结果之间存在着一种不平衡关系，往往是关键的少数决定事件的发展态势。控制关键的少数，就可以收到事半功倍的效果。

### 10.31 水坝定律

建筑水坝意在阻拦和储存河川的水，因为必须保持必要的蓄水量才可以适应季节或气候的变化。企业应建立这种调节和运行机制，确保企业长期稳定发展。企业在安全管理工作中，应营造良好的安全管理氛围，建立和完善相应的安全管理制度，并强化安全过程动态监督与考核，对危险源进行不定期辨识和评价，以期达到控制事故的目的；安全管理应推进细节化管理，通过管理人员细致的工作来预测和预防事故；同时，企业各层级管理者应对安全工作给予足够的重视，在全员广泛参与基础上，营造人人管安全、人人学安全、人人会安全的管理环境，达到固安全之基而枝繁叶茂的管理成效。

### 10.32 桥墩法则

一座大桥的一个桥墩被损坏了，上报损失往往只报一个桥墩的价值，而事实上很多时候真正的损失是整个桥梁都报废了。安全事故往往只分析直接损失、表面损失、单一损失，而忽略事故的间接损失、潜在损失、全面损失。实际上，很多时候事故的损失和破坏是巨大的、长期的、潜在的。

### 10.33 破窗理论

破窗效应是一种社会心理学效应，又称为破窗理论。是指如果一座房子的窗户破了，但是没有人去理会它，那么不久之后，其他的窗户也会被人打破。如果一个地方扔了很多垃圾，没有人去打扫的话，那么就会有更多的垃圾扔在那里。破窗理论提醒我们抓安全生产必须及时修理“第一块被打碎的窗户玻璃”，持之以恒，堵塞各种可能造成事故的漏洞。要想实现生产全过程受控，首要一点就是我们的制度、规程不能成为“破窗”，对有问题、不符合实际的制度必须动态维护，狠抓规章制度的落实，维护制度的权威性。

10.34 不等式法则

10000-1≠9999。安全是1，位子、车子、房子、票子等都是0，有了安全，就是10000；没有了安全，其他的0再多也没有意义。无论在工作岗位上，还是在平时生活中，都要时时刻刻判断自己是否处在安全状态下，要分分秒秒让自己置于安全环境中。这就要求每名员工在工作中必须严格遵守安全操作规程和安全工作标准，这是保护自我生命的根本，是通往幸福生活、尊严人生的前提。

10.35 螺旋定律

螺旋定律是指企业的安全管理工作应像螺旋一样不断地提升档次和水平。本着持续改进的管理思想，不断对存在的显在和潜在的危险源进行有效控制，从人、机、料、法、环等方面不断地进行事故的预知和预防工作，广泛开展全员性的安全合理化建议活动，充分发挥奖惩机制对安全工作进行奖励或约束，使安全管理工作呈现出螺旋式上升的良好态势，兑现企业的安全承诺，减少人身伤害事故给企业带来的损失。

# 第六章 安全行为文化

按照“统一规划、归口管理、分级培训”的原则，有计划、有层次、有步骤地抓好机制、内容、师资和周期四方面培训工作的落实。根据接受教育培训对象的不同，完善不同层次的安全培训方案，突出针对性、实用性和重点，精心设计和选择培训方式，以增强职工的学习兴趣，变“要我学习”为“我要学习”。培训一支由企业安全管理精英组成的安全内训师队伍，形成员工应急救援素质的自我提升，建立安全培训长效机制。建立健全员工安全培训档案，做到安全培训经常化、制度化，强化安全理念，广泛普及安全防范和应急救援基础知识，提高全体员工的安全技能，建设具有企业自身特色的自主学习型组织。

安全行为文化重点从以下几方面着手进行：

一是加强安全管理教育培训工作。制订安全教育培训计划，建立培训考核机制，定期培训，使企业员工严格执行安全法律法规、规章制度及岗位规程，确保从业人员具有适应岗位要求的安全知识和安全技能等。

二是深入开展群众安全文化活动。坚持贴近实际、贴近生活、贴近群众，认真组织开展好“安全生产月”“安全生产万里行”“安康杯”“青年示范岗”等主题实践活动，增强活动实效。通过组织举办演讲、展览、征文、书画、歌咏等群众喜闻乐见的活动，加强安全理念和知识、技能的宣传，将良好的安全氛围融入企业的日常工作中。

三是鼓励创作安全文化精品。坚持以宣传安全理念、强化安全意识为中心的创作导向，组织员工结合工作岗位实际参与创作更多反映安全管理工作、倡导“人民至上、生命至上”理念的优秀宣传画、音乐作品及公益广告等，增强安全文化产品的影响力和渗透力。

四是增强全体员工安全行为自觉性。以“主动预防、扎实技能、自保互保”为主要内容，将安全管理理念教育纳入精神文明建设内容中，注重加强日常性的安全教育，使“人民至上、生命至上”成为广大职工群众生产生活中的精神追求和基本行为准则。

五是编制企业安全文化手册。通过安全文化建设，编制集安全管理理念、安全工作目标、安全设备设施、安全技术技能、应急处置技能、逃生自救知识等于一体的具有企业特色的安全文化手册，发放到员工手中，指导员工应急工作的开展。

## 一、“1·2·3”全员安全培训格局

主要从安全行为习惯、安全操作技能、岗位安全职责几方面着手，建立“1·2·3”全员安全培训格局。

“1”，建立一个完备的安全培训体系，对培训计划、方式、人员进行系统规划；

“2”，形成两种培训抓手——定期培训和日常培训；

“3”，抓好三项落地工程。通过岗位操作比武、应急演练比武、“今天我来说安全”这三项活动来规范员工行为。

## 二、开展岗位风险隐患识别

为加强岗位作业风险预控，做好企业风险或隐患识别与管理，应根据实际情况制订岗位作业风险识别分类、分级管理办法。由指导专家、一线人员组成风险识别队伍，按照岗位类别、作业内容逐一进行风险排查识别、确认风险等级、制订防范措施，并将以上全部内容录入风险数据库，为安全管理决策提供

科学、准确的数据分析。充分调动广大员工参与风险识别的积极性、主动性，通过绩效激励机制，鼓励一线作业人员围绕本岗位、本专业的设备设施、工器具、工作方法、制度标准、周围环境等进行风险排查识别，提升设备设施的本质安全管控水平。

## 三、开展丰富多彩的安全文化活动

为实现安全管理由强制、自我管理向团队文化的跃升，以基层员工、岗位、班组、部门为对象，开展多样化的企业安全文化到基层活动，利用文艺形式开展班组安全文化建设培训宣贯，多角度、全方位地增加班组员工的安全知识，从而使班组安全工作一步一个脚印地向更高层次迈进。鼓励多种形式的安全文化创作，让全体员工都能参与到动漫、警示片、宣传册等安全文化成果的制作中，每年定期评选企业“最佳安全文化作品”，对明星员工进行表彰，提高员工在安全文化建设中的获得感，调动员工积极性，从而实现基层保障企业安全文化建设的目标。

## 四、安全行为文化实施方式

企业安全行为文化是企业员工安全意识、安全素质、安全行为提升的主线工程，主要应从以下几个方面开展：

1 企业安全管理队伍建设；

2 全员安全能力培训；

3 班组安全能力考评；

4 群众性安全文化活动；

5 应急演练；

6 安全文化知识考问、考试；

7 应急培训书籍、光盘、海报、折页发放；

8 应急处置卡随身携带。

## 五、安全行为手册

### 1 安全文化理念（具体内容仅供参考）

1.1 安全管理理念：安全第一，生命至上

1.2 安全价值理念：生存的根本，发展的保证

1.3 安全责任理念：我的安全我负责，你的安全我有责

1.4 安全执行理念：安全无折扣

1.5 安全效益理念：安全是企业最大的效益

1.6 安全生产理念：生产再忙，安全不忘

1.7 安全亲情理念：你的平安，我的牵挂

## 2 从业人员的权利和义务

2.1 从业人员的权利

2.1.1 知情权，即有权了解其作业场所和工作岗位存在的危险因素、防范措施及事故应急措施。

2.1.2 建议权，即有权对本单位的安全生产工作提出建议。

2.1.3 批评权和检举权、控告权，即有权对本单位安全生产管理工作中存在的问题提出批评、检举、控告。

2.1.4 拒绝权，即有权拒绝违章指挥和强令冒险作业。

2.1.5 紧急避险权，即发现直接危及人身安全的紧急情况时，有权停止作业或者在采取必要的应急措施后撤离作业现场，有权进行紧急避险。

2.1.6 有因工受伤获得及时救治和工伤保险的权利。

2.1.7 获得符合标准的劳动防护用品的权利。

2.1.8 获得安全生产教育和培训的权利。

2.2 从业人员的义务

2.2.1 严格遵守本企业安全生产规章制度和操作规程，服从管理，正确佩戴和使用劳动防护用品的义务。

2.2.2 接受安全教育，掌握安全生产技能，提高劳动技能的义务。

2.2.3 遵守劳动纪律、规章制度，服从管理的义务。

2.2.4 正确佩戴使用劳动防护用品的义务。

2.2.5 发现事故隐患应立即向现场安全管理人员报告的义务。

2.2.6 发生伤亡事故应立即逐级上报，迅速抢救伤员，保护现场的义务。

## 3 工作安全与防护[34]

### 3.1 红色禁止标志

红色是表示危险、禁止、紧急停止的含义。用于禁止标志、停止信号以及禁止触动的部位。几何图形是带斜杠的圆环，其中圆环与斜杠相连，用红色；图形符号用黑色，背景用白色。我国规定的禁止标志有40个，如禁止放置易燃物、禁止吸烟、禁止烟火、禁止用水灭火、禁止带火种、禁止转动等。（见彩图1）

### 3.2 黄色警告标志

黄色是表示警告、提醒对周围环境引起注意的含义。几何图形是黑色的正三角形、黑色符号和黄色背景。我国规定的警告标志共有39个，如注意安全、当心触电、当心爆炸、当心火灾、当心腐蚀、当心中毒、当心伤手、当心吊物、当心扎脚、当心落物、当心坠落、当心车辆、当心弧光、当心冒顶、当心电离辐

射、当心激光、当心微波、当心滑倒等。（见彩图2）

3.3 蓝色指令标志

蓝色是表示强制必须做出某种动作或采用防范措施的含义。几何图形是圆形，蓝色背景，白色图形符号。我国规定的指令标志有16个，如必须戴安全帽、必须穿防护鞋、必须系安全带、必须戴防护眼镜、必须戴防毒面具、必须戴护耳器、必须戴防护手套、必须穿防护服等。（见彩图3）

3.4 绿色提示标志

绿色是表示通行、安全和提供某种示意信息的含义。几何图形是方形，绿、红色背景，白色图形符号及文字。我国规定的提示标志（绿色背景）有8个：紧急出口、避险处、应急避难场所、可动火区、击碎板面、急救点、应急电话、紧急医疗站。（见彩图4）

## 4 劳动防护用品[35]知识

4.1 安全帽

使用前要检查安全帽是否完好无损；

帽衬和帽壳间隙调整到30～50mm，帽后调整带按自己头型调整到合适位置；

下颚带必须扣在颚下并系牢；

安全帽不能外带，不能前后反戴。

4.2 安全带

从事高空作业的部门或班组根据日常工作任务的情况配备相应数量安全带，安全带自领用之日起满5年报废。

4.3 耳塞

接触噪声工作人员每2年发放一副耳塞。

4.4 绝缘手套、绝缘靴

绝缘手套使用前须先检查有无漏气或裂口等。绝缘靴应放在专门的柜子里，与其他工具分开放置，穿靴时应将裤管放入靴内。

绝缘手套、绝缘靴使用时应注意不可让利物割伤，也不可接触酸、碱、盐类及其他化学物品和各种油类，以免损坏绝缘性。

## 5 劳动防护措施

5.1 一般性防护措施

5.1.1 所有员工进入生产、施工现场必须戴好安全帽、正确着装、穿好工作鞋。

5.1.2 高空作业必须正确使用安全带。

5.1.3 凡使用手持电动工具、移动式电气安全工器具时，工人必须戴好绝缘手套、接好漏电保护器。

5.1.4 当噪声超过85分贝（dB）或长时间接触噪声，工人必须戴耳塞。

5.1.5 当粉尘浓度超过6mg/m$^3$时，工人必须戴防尘口罩、护目眼镜和防尘帽；低于6mg/m$^3$应戴纱布口罩。

5.1.6 冬天室外作业要穿短棉衣。

5.1.7 雨天室外作业要穿雨衣、雨靴。

5.2 其他专项作业防护措施

5.2.1 热处理工作

5.2.1.1 操作时应戴好防护眼镜、专用绝热手套。

5.2.1.2 使用热处理设备时应接好漏电保护器。

5.2.2 焊工作业

5.2.2.1 电焊火焊工作时应穿白帆布工作服、鞋罩、皮袖套。

5.2.2.2 电焊工应使用镶有滤光镜的手把面罩或套头面罩、电焊手套；在潮湿地方进行电焊工作，应穿橡胶绝缘鞋或电工皮鞋；清除焊渣应戴白光眼镜（防护镜）。

5.2.2.3 火焊工应戴有色眼镜、电焊手套。

5.2.2.4 氩弧焊工作时应戴有色眼镜、静电口罩或专用面罩、氩弧焊手套。

5.2.3 金属监督作业

5.2.3.1 进行X射线探伤工作时，应穿防护服，戴防射线眼镜，穿防射线皮鞋，携带报警器。

5.2.3.2 进行光谱分析工作时，应戴防护眼镜。

5.2.3.3 进行表面渗透探伤时，应戴胶皮手套及防护口罩。

5.2.3.4 使用设备、仪器时必须接好漏电保护器。

5.2.4 起重作业

5.2.4.1 使用手动起重机具，绑扎、穿挂钢丝绳时必须戴帆布手套。

5.2.4.2 起重指挥应使用红白旗、口哨。

5.2.4.3 雨天作业应穿两节雨衣、中筒雨靴。

## 6 员工作业安全规范[36]

6.1 开工前

6.1.1 工作前检查自己的着装是否符合要求，应做到三紧：袖口紧、下摆紧、裤口紧，穿好防护鞋。

6.1.2 严禁穿凉鞋、拖鞋（规定必须穿拖鞋工作的场所除外）、高跟鞋和赤脚，严禁穿裙子、短裤等进入生产岗位，不准带小孩进入生产（施工）现场。

6.1.3 操作或使用从其他岗位调换来的设备、工具、工装等，应向原使用岗位的人员了解其安全情况，过去有无发生过相关安全事故，存在哪些安全隐患和应注意的安全事项，并在工作时给予密切关注。

6.1.4 凡新进公司员工必须自觉接受三级安全教育培训，经安全教育培训考试合格后，方可分配上岗，三级安全教育考试不合格者不得上岗。

6.1.5 思考和确认本次操作注意事项，回顾类似操作过程中曾经发生过的错误和事故，避免再次发生。

6.1.6 工作前要保证自己的充分休息和足够的睡眠时间，以便精力充沛地进行工作。

6.1.7 工作前必须按照企业规定正确佩戴好劳动保护用品和防护用具，做好自我保护。

6.1.8 工作前应认真分析本岗位作业风险及防范措施，仔细检查好本岗位所使用的一切用具和机器设备、安全设施等是否处于良好状态，发现问题立即修理或更换，不得带病运转或勉强使用。

6.1.9 工作前要熟悉本岗位“安全操作规程”及岗位规章制度，注意生产区域中的各类警示标牌并严格遵守，认真执行。

6.1.10 工作前要检查和确认曾经出现过错误操作步骤和发生

过事故的同类设备，在使用设备前，应对所使用的设备进行一次试运行，以确认其性能良好。

6.1.11 机械设备在启动前，要认真检查运转设备的防护措施是否安全可靠，油路、气路、电路、水路是否通畅，经确认无误后，方可启动设备进行操作。

6.1.12 所有生产人员上岗作业前和上班时间严禁酗酒，严禁醉酒上岗。

6.1.13 从事特种作业人员，必须经安全技术培训并且考核合格，持有有关部门颁发的《特种作业操作证》才能独立操作。严禁违章无证操作。

6.2 工作中

6.2.1 “安全生产，人人有责。”所有员工必须加强法治观念，认真执行各项安全生产法律法规、制度和安全规范，严格遵守各项安全生产规章制度和安全技术操作规程。不断增强安全意识，增长安全技术知识，提高自我保护的能力，落实“四不伤害”（不伤害自己、不伤害他人、不被他人伤害、保护他人不受伤害）要求，严禁“三违”（违章指挥、违章作业、违反劳作纪律）现象。在安全和生产发生矛盾时，必须服从安全，发生事故和险肇事故时必须严格执行“四不放过”原则。

6.2.2 禁止在工作中串岗、离岗、睡岗和阅读与工作无关的书、报、杂志等。

6.2.3 禁止在工作中嬉戏打闹、开玩笑、闲谈、扎堆，以及在车间内或工作岗位从事其他违反纪律的不安全行为。

6.2.4 严禁野蛮操作，严禁违章作业。

6.2.5 工作现场必须保持平整清洁、物料和工具堆放要规整有序，并堆放在单位指定的位置，物料之间要根据规定有一定的安全距离。

6.2.6 非工作需要禁止在零件及堆起的物料间行走，禁止人员从物料上面跨越，物料堆放高度不准超过2米。

6.2.7 禁止在车间内的安全通道上放置任何物料，必须保持安全通道时刻通畅。

6.2.8 任何人不准触碰与本工种、本岗位工作无关的开关按钮，不得擅自动用与本职无关的机电设备和专用器材。严禁非岗位人员、无证人员擅自进入要害部门、动力站房。

6.2.9 两人以上共同工作时，必须明确分工，统一指挥。指挥者必须同时负责安全工作。夜班、节假日加班，以及在危险、偏僻场所、地沟等处作业时，必须有两人以上，必要时现场设安全监护人员。

6.2.10 工作中发现设备有任何异常情况，应立即停机检查。

6.2.11 机械设备上的一切保险装置和信号装置要人人爱护，任何人不准擅自拆除各种设备的安全防护装置和应急设施。因生产临时需要拆卸移位时，现场必须有专人监护或设置警示标志，作业完毕后，拆卸人应立即将其恢复原样。

6.2.12 禁止在任何危险地区因非工作需要逗留，严禁倚靠在机械设备、防护物上休息。导线绝缘破损，禁止用手或金属导体去触碰，以防触电或造成意外事故，并立即报告维修电工处理。

6.2.13 在工作期间，未经上级领导批准，不准将自己的工作转交他人或擅自脱离工作岗位。

6.3 结束工作

6.3.1 作业结束，要做到工完料清、场地净，并仔细清点个人工具设备用品是否按数收回，严防遗漏。

6.3.2 不使用的设备应关闭，并切断电源。

6.3.3 清洁工作区域，将生产中产生的各类废弃物存放到指定位置。

6.3.4 将用剩的原料退回仓库或存放在指定位置。

6.3.5 交接班时，必须把当班工作期间所发生或遇到的不安全因素，详细交代清楚，并进行记录，以便接班工作人员及时掌握和处理。

## 7 作业安全确认

### 7.1 操作确认制

一看、二问、三点动、四操作。

一看：看本机组各部位及周围环境是否符合开车条件；

二问：各工种联系点是否准备就绪；

三点动：手指、眼睛看操作开关，口念操作规范，确认无误，发出信号。

四操作：确认点动正确后按规程操作。

### 7.2 检修确认制

一查、二订、三警示、四切断、五执行。

一查：检修施工现场和施工全过程的不安全因素；

二订：检修施工方案和安全措施方案；

三警示：设立安全警示标志；

四切断：切断能源动力和能源介质；

五执行：按检修安全规定进行检修。

### 7.3 停送电确认制

一问、二核、三执行、四验。

一问：问清停送电的对象、时间、要求，并记录；

二核：核实停送电是否具备条件，看准停送电开关或按钮；

三执行：执行停送电操作规程；

四验：停送电后要严格验电，挂接地线，切断开关要挂牌。

7.4 机动车（叉车）驾驶确认制

一问、二查、三看、四驾驶。

一问：问清运输任务和行车路线；

二查：检查刹车、转向、音响、信号、照明等是否灵敏完好；

三看：看所装物料是否符合规定（如是否超重、超高、超宽、超长、倾斜等）；

四驾驶：持证，按交通规则驾驶。

7.5 点检维护确认制

一告知、二互保、三点检、四通知、五办理、六处理、七反馈、八记录。

一告知：告知班长点检时间和路线；

二互保：两人以上行程联保互保；

三点检：点检按照规定的路线和要求进行；

四通知：发现故障和问题及时通知操作岗位人员和班长；

五办理：故障处理及时办理能源介质停送操作或岗位操作签字确认；

六处理：按照标准化要求处理点检发现的故障和问题；

七反馈：故障处理完后及时通知操作岗位人员和班长；

八记录：点检完成后及时进行记录。

7.6 起重指挥确认制

一清、二查、三招呼、四准、五试、六平稳。

一清：清楚吊物重量、重心、高度、现场环境、行走线路；

二查：检查绑扎是否牢靠合理，起吊角度是否正确；

三招呼：招呼一下吊车司机和确认现场情况；

四准：发出口令、手势要准确；

五试：点动一下，起吊先上升半米高，确认吊物平稳；

六平稳：行走和放置要平稳。

7.7 起重司机确认制

一看、二准、三严格、四试、五不、六平稳。

一看：看车况、运行线路和地面环境是否良好；

二准：看准吊具吊件，地形地物和手势，听准口令；

三严格：严格听从一人指挥，严格按规程操作；

四试：点动一下，先上升半米高，试试看；

五不：吊物下边有人不走，吊物歪斜不走，无行车信号不走；

六平稳：起动运行要平稳，吊物落地要稳。

7.8 高处作业确认制

一看、二设、三穿、四查、五稳、六禁止。

一看：看气候、场地、设施有什么危险，攀登物是否牢靠；

二设：设立高处作业区安全警示标志或监护人；

三穿：系好安全带（安全带和电工攀登工具要检查）；

四查：检查脚手架、跳板、安全网是否牢靠，检查安全带是否挂好；

五稳：人要站稳，工具物料要放稳；

六禁止：禁止酒后和带病登高作业。

7.9 电焊作业确认制

一查、二清、三禁止、四防、五操作。

一查：检查电焊机、电源及接地是否良好；

二清：清理施工焊接周围的易燃物；

三禁止：禁止对带压容器、情况不明容器和易燃易爆容器施焊（属推广新技术带压施焊，须经厂领导批准）；

四防：防止焊机受潮漏电；

五操作：按安全操作规程施焊。

7.10 气焊（割）作业确认制

一查、二清、三防、四禁止、五操作。

一查：查乙炔、氧气管道是否漏气，压力表是否完好，确保瓶间安全距离；

二清：清理焊割周围的易燃物；

三防：防止氧气瓶爆炸，防止氧气瓶和乙炔器旁出现明火；

四禁止：禁止焊割带压力容器、情况不明容器、易燃易爆物，禁止氧气阀门沾油（属推广新技术带压焊制，需经厂领导批准）；

五操作：按安全操作规程操作。

## 8 应急处置

8.1 应急处置流程图（见图2）

8.2 员工应急处置

8.2.1 应急处置原则——两保三快

保护自己，保护他人；能处置则快速处置，控制事态，不能处置则快速撤离，同时快速报告（报警），并向周围发出呼叫、预警。

8.2.2 处置要求——查、处、跑、报

一查。首先要观察判断，注意声光、气味、风向及周围情况，安全通道、应急物品、人员行为等，判断危险情况、发展趋势和正确的逃生路线等。

二处。如果属于您管理范围，或您有能力、有经验处理，请

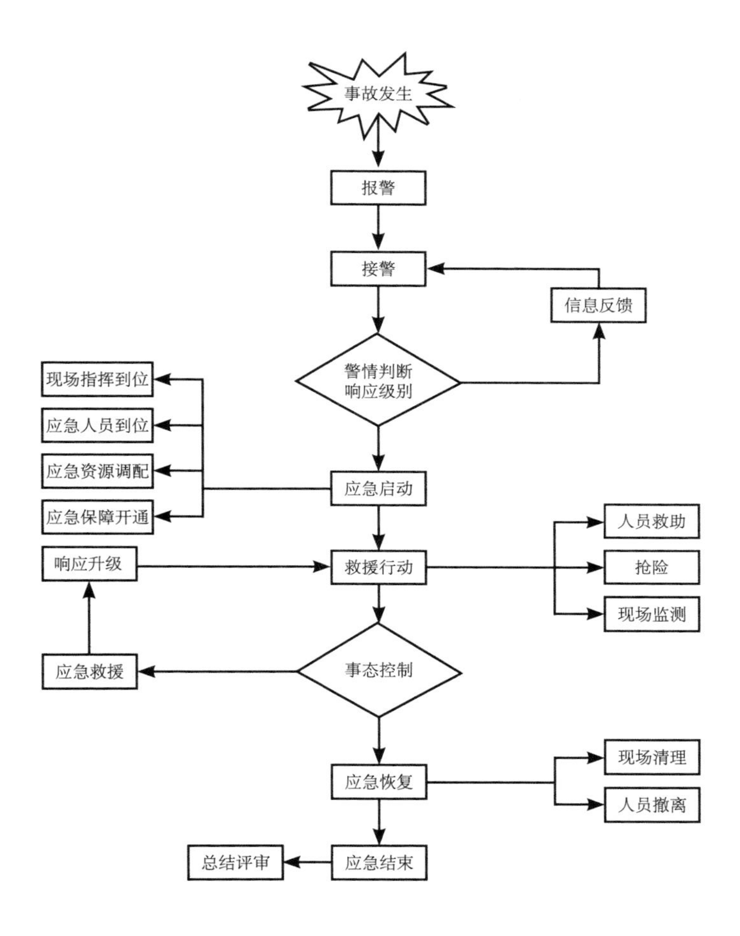


**图2 应急处置流程**

快速进行先期处置，先注意救助受伤受困人员，停运危险设备，切断事故源，用灭火器消灭初起火灾，控制事态。

三跑。如事故较大或不能处理、不会处理，应立即从安全通道撤离到安全地方，撤离时请注意风向和危险物质扩散方向，远离事故源。

四报。脱离危险后，马上向值长报告，可同时向火警、应急办及向事发部门和公司主要负责人汇报，如人员生命受到严重威胁或构成事故时，可直接向公司主要负责人报告，也可对外报警和求救。报警后应等候引导救援人员和车辆。

8.2.3 常见伤害应急处置

8.2.3.1 火灾事故应急处置

8.2.3.1.1 早灭火、早报警。对于可立即用灭火器或简易灭火工具消灭的初期火灾，应立即扑灭并立即报警。

8.2.3.1.2 先控制、后灭火。对于不能立即扑救的火灾，要首先控制火势的继续蔓延和扩大，在具备扑灭火灾的条件时，展开全面扑救。隔离和处理易燃、易爆物品，如氢气、液氨、油类泄漏时，应使用铜制工具和其他防止产生电火花的措施。

8.2.3.1.3 救人第一。火场上如果有人受到火势的围困时，应急人员或消防人员首要的任务是把受困的人员从火场中抢救出来。在运用这一原则时可视情况，救人与救火同时进行，以救火保证救人的展开，通过灭火，从而更好地救人脱险。

8.2.3.1.4 施救人员要做好个人防护，如穿戴隔热服、正压式呼吸器、照明设备等，做好组织协调，保证施救人员安全。

8.2.3.1.5 先重点，后一般。在扑救火灾时，要全面了解并认真分析火场情况，区别重点与一般，对事关全局或生命安全的物资和人员要优先抢救，之后再抢救一般物资。

8.2.3.2 机械伤害应急处置

8.2.3.2.1 事故发现者第一时间关闭机械设备（如条件允许，进行断电处理），报告事故信息。

8.2.3.2.2 附近人员对受伤人员实施抢救。抢救过程参照人身伤害事故专项应急预案和简易处置流程，并及时将伤员转送至医院。

8.2.3.2.3 抢险人员要穿戴好必要的保护装备（工作服、工作帽、手套、工作鞋、安全绳等），以防止救援人员受到伤害。

8.2.3.2.4 抢险过程中，抢险人员应保持通信联络畅通并固定好联络信号，在抢险人员撤离前，监护人员不得离开监护岗位。

8.2.3.2.5 做好现场保护，等待调查处理。

8.2.3.3 高处坠落应急处置

8.2.3.3.1 发现人立即将伤者转移到安全地带。若伤者出现创伤性出血，应首先处理伤口进行止血；若伤者发生骨折，应就地进行固定，防止移动时二次创伤。

8.2.3.3.2 如果伤者处于昏迷状态但呼吸心跳未停止，应立即口对口进行人工呼吸，同时进行胸外心脏按压。

8.2.3.3.3 如伤者心跳已停止，应先进行胸外心脏按压，直到心跳恢复为止。

8.2.3.3.4 伤情较重时，应一边施救一边联系医院，详细说明伤者受伤情况和所处位置，或约定汇合地点，避免延误救治。

8.2.3.4 触电应急处置

8.2.3.4.1 发现人立即使触电者迅速脱离电源。

8.2.3.4.2 当发生高压触电时，发现人立即联系当值值班人员停电、用相应电压等级的绝缘工具按顺序拉开电源开关或熔断器或抛掷裸金属线使线路短路接地断电。

8.2.3.4.3 伤者脱离电源后，现场救护人员应迅速对触电者的伤情进行判断，对症抢救，同时联系附近有条件的医院进行抢救。

8.2.3.4.4 触电伤者如神志清醒，应抬到空气新鲜、通风良好的地方躺下，使其慢慢恢复正常。

8.2.3.4.5 触电者神志不清时，无意识、有心跳但呼吸停止或微弱时，应用仰头抬颌法，使气道开放并进行口对口人工呼吸。

8.2.3.4.6 触电者神志丧失，无意识，心跳停止，但有极微弱的呼吸时，应立即实施心肺复苏法（畅通气道、胸外按压、口对口人工呼吸）进行抢救。

8.2.3.4.7 触电者心跳、呼吸停止时，应立即进行心肺复苏法（畅通气道、胸外按压、口对口人工呼吸）抢救，不得延误和中断。

8.2.3.4.8 在医务人员未接替抢救前，现场抢救人员不得放弃现场抢救。

8.2.3.5 窒息人员伤亡应急处置

8.2.3.5.1 呼吸道阻塞导致窒息的救护。现场救护人员将昏迷病人下颌上抬或压额抬后颈部，使头部伸直后仰，接触舌根后坠，使气道畅通。然后用手指或用吸引器将口咽部呕吐物、血块、痰液及其他异物挖出或抽出。当异物滑入气道时，可使病人俯卧，用拍背或压腹的方法，拍挤出异物。

8.2.3.5.2 颈部受扼导致窒息的救护。救护人员立即将伤者松解或剪开颈部的扼制物或绳索。若呼吸停止立即进行人工呼吸。

8.2.3.5.3 胸部严重损伤窒息的救护。现场救护人员使伤员处于半卧位，进行吸痰及血块，保持呼吸道通畅，封闭胸部开放伤口，速送医院急救。

8.2.3.5.4 无论何种情况导致的窒息，都应在现场施救的同时，联系附近医院急救。

## 9 现场急救常识

### 9.1 紧急呼救

报警服务电话：110。

火警服务电话：119。

医疗救助电话：120。

应急值守电话：企业内部电话。

应急办公室电话：企业内部电话。

### 9.2 火灾逃生常识

在火场中，逃生的基础主要有三个方面。

9.2.1 熟悉火场的环境是逃离火场的客观条件。熟悉自己周边的环境，例如工作上班的环境，要对建筑中的大门、安全通道、疏散楼梯、消防通道以及消防器械的存放位置等了解清楚，在发生火灾时，可以以最快的速度逃离火灾现场。

9.2.2 在不熟悉的环境中。出差旅游在外，在宾馆、酒店住宿，首先应该观察酒店宾馆的疏散楼梯、安全通道等，若发生火灾，以最快的速度逃离火灾现场。

9.2.3 遇火灾一定不能惊慌。遇到火灾要沉着冷静，火势较小或者所在楼层的上层着火，应迅速逃离火灾现场；若火势较为迅猛，阻挡了出逃的路径，应该迅速撤回较为安全的屋内，关好门，不断向门上浇水，等待救援。

9.3 触电急救常识

9.3.1 发现有人触电后，立即关闭开关、切断电源。同时，用木棒、皮带、橡胶制品等绝缘物品挑开触电者身上的带电物品，应立即拨打急救电话。

9.3.2 解开妨碍触电者呼吸的紧身衣物，检查触电者的口腔，清理口腔黏液。

9.3.3 立即就地进行抢救。如停止呼吸，应采用口对口人工呼吸法抢救；如心脏停止跳动，应进行胸外心脏按压法抢救，绝不能无故中断。

9.3.4 如有电烧伤的伤口，应到医院就诊。

9.4 中暑急救常识

9.4.1 停止活动并在凉爽、通风的环境中休息。脱去多余的或者紧身的衣物。

9.4.2 如果患者有反应并且没有恶心呕吐，给患者喝水或者运动饮料。也可服用人丹、十滴水、藿香正气水等药品。

9.4.3 让患者躺下，抬高下肢15～30cm。

9.4.4 用湿的凉毛巾放置于患者的头部和躯干部以降温，或将冰袋置于患者的腋下、颈侧和腹股沟处。

9.4.5 如果30分钟内患者情况没有改善，寻求医学救助。如果患者没有反应，开放气道，检查呼吸并给予适当处置。

9.4.6 对于重症高热患者，降温速度决定预后。体温越高，持续时间越长，组织损害越严重，预后也越差。体外降温无效者，用4℃冰盐水进行胃或直肠灌洗，也可用4℃5%的葡萄糖盐水或100～200ml生理盐水静脉滴注，既有降温作用，也适当扩充容量，但开始速度宜慢，以免引起心律失常等不良反应。

9.4.7 必要时，需进行床旁血液净化治疗。

9.4.8 加强监测和对症治疗。

9.5 昏厥急救常识

9.5.1 立即采取平卧位，可将双下肢抬高，以保证脑组织有尽可能多的血液供应。

9.5.2 立即确定气道是否通畅，并检查呼吸和脉搏等。

9.5.3 解开较紧的衣领、裤带，可按压病人的人中穴。

9.5.4 如果因低血糖造成的晕厥，待意识清醒后，可给予糖水、食物，一般很快可好转。低血糖较严重、处于昏迷状态的，应取侧卧位，不要喂水、喂食物、喂药物等，以防止发生窒息，并拨打急救电话120。

9.5.5 如果有急性出血或严重心律失常的表现，如心率过快或心率过慢，或反复发生晕厥的病人或一次晕厥时间超过10分钟者，应立即拨打急救电话120，到医院查清发生晕厥的原因，并进行病因治疗。

9.5.6 对发生晕厥、跌倒的病人，还应该仔细检查有无摔伤、碰伤等情况。如发生出血、骨折等情况，应做相应处理。

9.5.7 如病人意识迅速恢复、思维正常、言语清晰、四肢活动自如，血压、呼吸、脉搏正常，除全身无力外，无其他明显不适，一般不需要特殊治疗，经一段时间休息，可逐渐坐起，再休息几分钟后可以起立，动作不宜过猛，并且在起立后再观察几分钟。

9.6 骨折及止血

9.6.1 骨折通常用夹板固定，夹板一般用木料、塑料、铁器等制成，也可就地取材用竹竿、树枝、木棒、木板等代替夹板临时固定。

9.6.2 用双手稳定及承托受伤部位，限制骨折处的活动，并防止软垫，用绷带、夹板或替代品妥善固定伤肢。如上肢受伤，则将伤肢固定于身体躯干上；如下肢受伤，则将伤肢固定于另一健肢上。

9.6.3 应垫高伤肢，减轻肿胀；如伤肢扭曲，可用牵引法轻轻将伤肢轻沿骨骼轴心拉直；若牵引时引起伤肢剧痛或皮肤发白，应立即停止。

9.6.4 完成包扎后，如伤者出现伤肢麻痹或脉搏消失等情况，应立即松解绷带。

9.6.5 如伤口中有脏物，不要用水冲洗，不要试图将裸露在伤口外的断骨复位。应在伤口上灭菌，然后适度包扎固定。

9.6.6 如伤口中嵌入异物，不要轻易除去，可在异物两旁加上敷料，直接压迫止血，在异物周围用绷带包扎。千万注意不要将异物压入伤口，以免造成更大伤害。

9.6.7 现场急救止血动作要快，准确而有效，直接加压止血、抬高止血。

9.6.8 包扎可保护伤口，减少感染，为进一步抢救伤病员创造条件。其基本要求是动作快且轻，不要碰撞伤口，包扎要牢靠，防止脱落。包扎材料常用绷带、三角巾或毛巾、手帕、布块等。

9.7 烫伤现场处置

9.7.1 先用凉水把伤处冲洗干净，然后把伤处放入凉水中浸泡半小时。一般来说，浸泡时间越早，水温越低（不能低于

5℃，以免冻伤），效果越好。但伤处已经起泡并破了的，不可浸泡，以防感染。

9.7.2 皮肤被油或开水烫伤后，可用风油精、万花油或植物油（如麻油）直接涂于伤面，皮肤未破者，一般5分钟即可止痛。

9.7.3 重度烫伤，在用以上方法处理的同时，要紧急联系附近有条件的医院进行救治。

## 六、安全技术创新示例

安全技术创新是安全文化建设的重要组成部分。安全救援技术的发展已经得到应急管理部的高度重视，利用技术手段来提高救援效率，是当前迫切需要解决的一个课题。

近年来国内事故形势仍然不容乐观，在地铁、煤矿等人员聚集和高危行业，这一形势更加严峻，暴露出现有安全技术在日常运行管控与事故救援过程中难以发挥有效作用的现状。

鼓励技术创新，快速提升安全救援能力，是安全文化建设的核心内动力。下面简要介绍一种关于应急通道的创新设计——模块式应急通道[37]。

## 1 现状调研

应急通道是引导人们向安全区域逃生，同时引导救援人员快速到达救援地点的最有效措施。建筑物内外必须设置应急通道，事先制订疏散计划，研究疏散方案，以便紧急情况发生时沿应急通道迅速通过预定路径到达安全地带。通道是否安全畅通、指示正确，直接关系到逃生与救援的成败。

### 1.1 目前设计与施工方式及存在的问题

#### 1.1.1 设计与施工

##### 1.1.1.1 目前常用设计方式

按照通道是否连贯的特点，可以分为一体式设计和断续式设计。

一体式设计通常应用于工矿企业等复杂区域内，通道纵横交错，上下连接，常会形成循环通道，在逃生实践中，不熟悉现场情况的人很难成功逃生。

断续式设计通常应用于医院、地铁站等公共区域内，一般只在道路转折点做箭头标示，在逃生实践中，紧急情况下逃生人员经常会因错过或找不到下一个箭头标示而逃生失败。

##### 1.1.1.2 当前常见施工方式

通常有橡胶地板、环氧自流平地面一体成型、瓷砖、贴纸、刷漆等方式。

### 1.1.2 存在的问题

#### 1.1.2.1 难以灵活改变路径

橡胶地板、环氧自流平与瓷砖地面具有美观、牢固、耐用等优点，但当应用环境改变导致原有应急通道需要更改路径时，就需重做地面，造价较高。地面贴纸、刷漆等方式虽然价格低廉，但只适于短期、临时使用，一段时间后就会损坏，影响安全和美观。

#### 1.1.2.2 缺乏方向和距离标识

从国内应急通道现状来看，普遍没有标示距离。逃生人员难以判断灾情类别，确知自身处境。有的场所甚至无方向标识，致使逃生人员逃生失败。

#### 1.1.2.3 形成循环通道

工矿企业常围绕某工作区划线来设计应急通道，容易形成循环通道，或通道标有多个方向箭头，让处于紧急情况下的逃生人员不知所措。

#### 1.1.2.4 没有聚集区

目前很少在某空间内标示区域内安全聚集区，当发生紧急情况时，逃生人员需靠主观判断路径，往往乱作一团。

1.1.2.5 没有救援通道

常见应急通道只有逃生通道而无救援通道，在逃生实践中常发生拥堵，导致救援人员无法及时到达，延误宝贵的救援时间。

1.1.2.6 多级空间内外通道连接不顺畅

实践应用中常会存在多级空间，即大空间内有小空间，小空间内还有更小空间。遇到这种情况，现有模式往往不能顺畅连接。

1.1.2.7 只为应付检查

为了应付各种检查验收，只是低成本地划上通道，不具备实用功能。

2 模块式应急通道策略

为了解决上述问题，一种新型模块式应急通道策略应运而生。

2.1 单一模块形式

单一模块分为安全岛、逃生通道、救援通道三个功能区（见彩图5），具备方向、距离、报警功能。

安全岛：可踩踏式电子屏制作，根据实际情况采用感烟、感温、有毒气体等传感装置，以闪灯、发声等方式提示灾情信息，向逃生人员提示逃生方向和相应逃生技能。

逃生通道：逃生人员到达安全岛后，根据安全岛所提供灾情信息，沿逃生通道向下一安全岛逃生。

救援通道：救援人员根据安全岛提示信息，沿救援通道前往下一安全岛，或前往灾情发生地。

2.2 分级场所组合形式

可以适应多级场所（Ⅰ级：室外场所，白色线条；Ⅱ级：室内场所，蓝色线条；Ⅲ级：室内场所内部独立空间，黄色线条；Ⅳ级、Ⅴ级、Ⅵ级依次标示为橙色、红色、黑色线条）。在多级场所中，通过多个单一模块的串联应用，实现多级场所通道的贯通。（见彩图6）

2.3 多出口、异形场所的组合形式

可以适应多出口场所、复杂异形场所的组合应用需要，通过多个单一模块的并联应用，形成多出口、异形场所的快速逃生通道。（见彩图7）

2.4 多级、多出口、异形场所的组合形式

遇有多级、多出口、异形场所，模块式应急通道可任意组合，满足需求。（见彩图8）

3 模块式应急通道优点

将复杂通道简化为模块单元，既可用于单一场所，也可组合

应用于复杂场所，具有设计、施工简单，标示明确，对逃生人员指示简明实用等优点，可极大提高应急救援成功率。

3.1 设计施工简易，模块式应急通道可按需拼接，简化了设计和施工工作量。

3.2 简易实用，可方便地将复杂空间化解为简单空间，为逃生人员快速指引唯一、便捷的逃生路线。

3.3 将应急通道变为一种可融合于任何场景的装饰，具有美观、方便、新颖的特点，把呆板、难看的应急通道变为一种漂亮的场景设计。

安全管理是指政府及有关部门应对各类突发事件的预防与应急准备、监测与预警、应急处置与救援、事后恢复与重建等活动的全过程管理[5]。而模块式应急通道策略可极大提高应急救援的效率。

该应急通道策略具有报警功能、距离标识、方向标识、所处空间标识，可使逃生人员迅速获取足够信息。模块式应急通道的普及，将通过技术手段改变我国以往逃生效率低下的历史，缩短逃生时间，提高救援能力。目前该通道设计已被国家知识产权局授予专利权，专利号：ZL201830560239.3；ZL202021825606.6。

## 七、特色提炼

企业安全文化在理念先进、制度完备、环境科学、行为规范、技术创新各方面取得成果后，就会自然而然地形成企业自身独有的安全特色。

### 1 企业安全特色的形成

企业的行业特点、管理理念、思想意识、行为方式、自动化程度、用工状况、可燃易燃物品和危险化学品使用情况、机械设备特点、作业环境等都会构成本企业独一无二的特色文化。企业安全文化建设就是要深入提炼以上特点，凸显出独有的个性，做到安全管控能力完备、专业，形成鲜明的企业安全特色。

### 2 企业安全特色的提取要素

2.1 架构不同

以安全理念文化、制度文化、环境文化、行为文化为核心的四个子文化；打造精细化安全管理工程、培训工程、风险隐患识别工程、审核与评估工程等安全管理系统；采取以点到面，层层推进的方式进行，覆盖全体员工，确保没有死角，没有遗漏。

2.2 地域文化不同

深入挖掘当地本土文化，紧密结合企业自身文化，充分融合形成独特的安全文化。

2.3 行业特点不同

矿山还是危化品行业？电力还是纺织行业？地上还是地下？有无重大危险源？是否为人员密集企业？……这些最终都将形成不同的文化特色。

2.4 推进方案不同

企业安全文化建设不可以盲目进行，要根据实际情况，有步骤、分阶段制订可行的时间规划，促进企业安全文化建设走向良性发展，促使安全业绩持续优秀和领先于同行业，开展安全文化建设的理论研究总结，推动安全管理机制的创新，完善安全管理机制，形成具备企业特色的安全文化建设模式。

2.5 组织管理不同

成立安全文化建设委员会，成立安全文化工作办公室，建立安全文化联络员管控体系，等等。

2.6 技术创新不同

发挥广大员工的聪明才智，创新安全技术，推动安全文化的发展。

# 第七章 安全培训教育规划

为认真做好安全文化建设，不断提高员工安全意识、安全知识和安全操作技能，进一步促进企业安全工作，打造具备学习力和创新力的团队，确保实现建立管理先进、指标领先、绿色清洁、和谐幸福的一流企业目标。结合实际情况制订安全教育培训工作规划。

## 一、指导思想

全面贯彻党的二十大精神，深入学习贯彻习近平总书记系列重要讲话精神，认真落实本企业各项决策部署，坚持“稳中求进、稳中求优”的工作总基调，全面践行企业安全理念，着力完善机制建设、强化基础保障，坚持注重实效性培训，创新教学方式，深入推进全员“应知应会”安全知识培训，进一步强化各层级安全教育培训责任意识，大力提升整体安全技能和素质，有效防范、遏制生产安全事故，奋力开创企业发展新局面。

## 二、总体思路和工作目标

按照“理念植入和技能实训并重，提高全员安全素质”的安全教育培训思路，创新安全培训模式，强化实效性措施，落实各层级培训责任，坚定不移地实现企业安全教育培训目标。

### 1 工作思路

围绕安全文化建设主线，按照“统一规划、归口管理、分级培训”的原则，有计划、有层次、有步骤地抓好培训机制、内容、师资和周期四方面的工作，充分整合资源、统一规划，建立“1·2·3”全员培训格局，即建立一套完备的安全培训体系，形成两种培训抓手——定期培训和日常培训，构建三项落地工程，通过员工岗位操作比武、应急演练比武、“今天我来说安全”，以讲促学、以做促学，调动员工参与积极性，形成具有企业自身特色的安全培训模式。

### 2 年度工作目标

围绕安全文化建设总体思路，制订并执行企业年度安全教育培训计划，逐渐培育全员安全意识，分层级落实安全培训责任，定期开展安全教育培训活动，确保全员安全培训参训率为100%，全员安全专项培训每年不少于20学时/人次，逐渐形成企业安全管理的自主学习能力。

## 三、主要内容

### 1 提升全员培训认知，确保职工参与到位

将安全培训作为一个系统工程进行推进，由浅入深、逐步提升。研究制订安全培训体系并广泛征求意见，结合不同形式，通过“点、线、面”的传播模式，选拔基层班组安全文化建设骨干，优先对安全理念、安全文化建设规划、安全培训计划等进行细化解析培训、重点培训，再由骨干进行辐射式推广培训，从而达到全面宣传动员的效果，做到全体员工共同接受、认同，逐步形成全员培训主动性。

### 2 细化培训对象，确保培训针对性

安全教育是员工教育的一部分，是提高企业员工安全意识和技术素质的有效手段，是保障人身和设备安全的重要途径。安全教育实行“四层级”定置化培训，即领导决策层重点养成先进的安全文化思维观念，管理层重点提升创新能力和突发事件处置能

力，技术层重点培训生产操作技能、科研成果转化能力，一线操作层重点培训岗位操作规程和安全常规知识，从而提升培训教育的针对性、有效性。

### 3 完善培训机制，确保培训有序推进

建立健全管理规范、运转协调的安全教育机制，按照因人制宜、全方位、分层次的原则，深化全员安全培训，完善安全培训教育制度，加强新入职员工、特种作业人员、外来人员、违章人员的安全教育培训，加强变换工作、复工、节假日前、设备（技术）更新、检修前后等重要环节的安全教育。

构建“公司→部门→班组”三级安全教育程序，形成“三级安全教育卡”，当部门间人员流动时，须由部门和班组分别进行安全培训教育交底。公司级安全教育由安全管理部门具体负责教育并考试。部门级安全教育由部门负责人、安全员负责。班组级安全教育由班长、班组安全员负责，结合岗位主要责任、主要风险点等进行考核，形成日常教育机制。

### 4 提升培训内容科学性，确保安全培训标准化

不断健全完善培训内容，编制各岗位“应知应会”安全培训教材，要求内容简洁、通俗易懂、便于掌握，强化安全生产、安

全管理形势教育，重点对各岗位操作规程和安全常规知识及应急处置措施等进行编制，加强生产过程中不安全因素及规律性、可控性、重大危险源管理等基本知识，以及消防知识、防护用具的正确使用、紧急救护法、重大事故防范、发生不安全事件后的报告程序等教育。针对性地开展生产场所内危险设备和区域防范措施等专业安全知识、特殊工种以及采用新工艺、新技术后的安全教育。通过深化和提升岗位“应知应会”安全培训教育，全面提高员工应急反应能力，预防和杜绝各类安全生产事故，促进企业安全生产目标的实现。

### 5 创新安全培训模式，确保培训实效性

以岗位“应知应会”安全培训为主线，以提升安全培训实效性为目的，不断创新安全培训模式，通过员工“岗位操作比武”“应急演练比武”，以理论和实践相结合的形式，以练促学，提高员工参与度。运用安全录像、幻灯、多媒体、实物、图片展览等多种形式宣传、普及安全技术知识，进行有针对性的培训教育。加强典型案例培训，借助新媒体平台，发布企业内部及外部的优秀案例和典型事故，调动全员参与“今天我来说安全”，通过学习、分析、探讨，调动全员对安全工作的深入思考。

### 6 加强培训效果考核，确保培训措施到位

严格实施安全培训计划，落实培训场所，加强安全培训考核，抓好师资保障，各部门实施月度考核、年度评优的奖惩考核方式，制订企业安全培训管理制度，对各部门、班组安全培训工作每月按标准检查的结果给予不同的奖励。年度对安全教育培训工作未按要求完成计划、存在问题的单位限期整改，并列入考核。安全教育考试成绩要记入员工教育培训积分手册，记入教育培训档案。

培训实施部门负责做好每次安全教育培训的培训记录，包括参加人员签到、培训大纲、培训效果评价结果等内容。培训效果评价一般由培训组织部门进行，常规培训一般进行现场直观评价，包括评价参加人数、授课效果、考试情况等，并保存记录；大型系统培训，采取培训效果调查表、跟踪评价等方式，对未达到培训效果的，应组织补课或再培训。

## 四、保障措施

### 1 组织领导

成立“安全培训领导小组”，为企业安全教育培训的常设机构，负责修订完善安全教育的各项规章制度，制订年度培训计

划，考评培训效果，落实具体措施。

### 2 基础建设

建立企业安全教育培训中心，设置能够容纳全员的安全培训教室，配备多媒体安全教育体验室，建立安全教育图书室，方便员工学习和查询安全知识。每年设置专项安全培训经费，保障培训计划的实施。

### 3 人员保障

建立企业安全培训兼职教师队伍，本着“学高为师”的原则，分层次进行专项业务培训；全面提高兼职教师的知识水平和教学培训能力，为企业安全技术培训的质量提供基本保障。发挥各部门联动机制，充分利用班组长、安全员、群众监督员等人在安全培训中的示范和监督作用，形成全员自觉接受安全教育、主动承担安全责任、人人关注安全管理的良好氛围。

# 第八章 安全文化建设档案管理

企业在安全文化建设过程中需要不断产生和收集大量的相关资料，如何将这些资料合理地分类归档、妥善保存、方便查找，就显得尤为重要。

## 一、安全文化档案资料分类

企业安全文化建设工作档案可以大致按照以下分类方法归档。

1 八个分类项目

1.1 基本条件

1.1.1 企业在申报前3年内未发生死亡或一次3人（含）以上重伤生产安全责任事故证明材料。

1.1.2 安全生产标准化二级企业。

1.1.3 应急预案备案登记表。

1.1.4 应急救援装备齐全并保证可随时投用。

1.1.5 应急能力建设评估报告。

1.2 组织保障

1.2.1 成立安全文化建设组织机构，人员到位，职责明确。

1.2.2 按规定提取、使用安全生产费用，把安全经费纳入年度费用计划，保证安全文化建设的投入。安全投入到位，应急演练按频次开展。

1.2.3 安全文化建设规划。

1.2.4 安全文化建设实施方案。

1.2.5 定期研究解决安全文化创建遇到的问题，制订相应措施，对安全文化推行定期考核，兑现奖惩。

1.2.6 企业安全文化建设联络员会议记录。

1.3 安全理念

1.3.1 本企业安全理念，安全理念释义。

1.3.2 本企业安全理念宣传手册，发放记录，宣贯记录。

1.3.3 企业结合自身特点，探索安全文化建设新方法、新途径，推出有价值和影响力的安全文化理论成果。

1.4 安全制度

1.4.1 企业安全管理制度汇编。

1.4.2 安全岗位职责，逐级签订岗位责任书。

1.4.3 应急处置卡汇编。

1.4.4 安全专家库及活动记录。

1.4.5 建立专（兼）职应急救援队伍及活动记录。

1.5 安全环境

1.5.1 企业安全环境文化建设方案，实施记录，实施效果评估报告。

1.5.2 企业年度生产安全事故风险评估报告。

1.5.3 企业年度生产安全事故应急资源调查报告。

1.5.4 现场隐患排查治理报告。

1.5.5 外来人员安全风险告知书。

1.5.6 重点区域危险点实时监测记录。

1.5.7 现场各区域紧急疏散图。

1.5.8 重大危险源及危险区域现场告知标识牌。

1.5.9 应急物资管理台账。

1.5.10 利用自媒体、传统媒体构建功能互补、影响广泛、富有效率的安全文化传播平台。

1.5.11 现场进行安全文化宣传展示的记录。

1.6 安全行为

1.6.1 企业安全行为手册。

1.6.2 应急处置卡学习宣贯记录。

1.6.3 安全理念、安全原理、应急技能等培训记录、考试记录。

1.6.4 应急演练记录。

1.6.5 员工人身安全风险分析预控本。

1.6.6 外包工程安全日监督卡。

1.7 持续改进

1.7.1 运用“双控”（风险分级管控、隐患排查治理，双重预防性工作机制。）信息平台（或者其他管理软件），建立信息传播、收集和反馈机制，从现场发生的不安全行为、相关事故、事件中吸取教训，提升、改进工作。

1.7.2 每年开展安全文化建设绩效评估与考核，促进安全文化建设水平的提高。

1.7.3 对外交流合作记录，鼓励吸收借鉴其他企业安全文化建设的先进经验和成果。

1.8 加分项目

1.8.1 近1年内参加省级安全比武并取得前三名。

1.8.2 企业牵头组织市、县两级的应急演练。

1.8.3 企业安全文化建设相关论文获得省部级以上奖励。

1.8.4 企业获得应急技术创新专利。

1.8.5 企业安全文化体系具有鲜明的特色和行业特点，形成品牌效应。

1.8.6 安全文化相关的群众性创新活动成果获得省部级以上奖励。

2 六大重点工程

2.1 安全培训体系及方案优化工程

2.1.1 企业安全培训教育规划。

2.1.2 企业年度应急培训计划。

2.1.3 关于成立企业安全管理专家库的通知。

2.1.4 企业三级安全培训记录。

2.2 安全制度落地工程

2.2.1 企业安全管理制度汇编。

2.2.2 关于公布企业年度现行有效安全法律法规、规章规程、管理制度的通知。

2.2.3 企业应急处置卡。

2.2.4 安全管理制度、应急处置卡培训和宣贯记录。

2.3 岗位风险隐患识别工程

2.3.1 企业关于开展安全风险分级管控与隐患排查治理

工作的通知。

2.3.2 企业安全风险分级管控与隐患排查治理报表。

2.3.3 重大危险源及危险区域现场告知。

2.3.4 员工人身安全风险分析预控本填写记录。

2.4 基层安全文化建设工程

2.4.1 设计安装现场安全宣教广告牌记录。

2.4.2 现场张贴安全文化主题招贴、海报记录。

2.4.3 安全相关书籍发放记录。

2.4.4 各种安全文化宣教活动记录。

2.5 安全精细化管理工程

2.5.1 关于开展“六精模范岗位”推选活动的通知。

2.5.2 “六精模范岗位”推选表。

2.5.3 公布企业年度“六精模范岗位”的通知。

2.5.4 应急物资定置化亮点班组评选活动记录。

2.6 安全文化审核与评估推行工程

2.6.1 企业管理能力建设评估报告。

2.6.2 企业安全文化建设工作总结。

2.6.3 企业安全文化建设工作验收申请与批复。

## 二、档案资料收集方式

企业安全文化工作组负责收集公司级安全文化建设相关资料；各部门负责收集部门级安全文化建设相关资料；各班组负责收集班组级安全文化建设相关资料。企业所有安全文化建设相关资料由安全文化工作组统一管理，分级保管。

## 三、安全文化建设成果档案

安全文化建设成果档案应包含以下成果支持性材料。

1. 企业安全文化建设设计文件手册。

2. 企业安全文化建设支持性材料。

3. 六大重点工程支持性材料。

4. 企业安全文化建设宣传图册。

5. 企业安全文化建设网络传播推广系列。

## 四、档案资料归档管理

企业安全文化建设档案资料应分为纸质版和电子版分别保存。

纸质版档案资料是原始资料，是各项关键工作的证明性支持材料。纸质版档案资料按照普通档案分类方法归档保存，按照盒内目录查找，做好借阅登记。

电子版档案资料保存查找方便，对于存储大量的照片及视频类资料具有优越性。电子版档案资料与纸质版档案资料一一对应保存，在电子目录中针对每个文件都设置超链接，方便快速查找资料。同时，电子版档案资料也便于转移和分享。

# 参考文献

[1]胡卫杰，任巍.企业安全文化建设的探讨[J].科技风，2019，(11)：241.

[2]杜邦安全文化：十大信念和四个阶段[EB/OL]安全管理网，2012-10-10.

[3]国务院江西丰城电厂“11·24”冷却塔施工平台坍塌重大事故调查组.江西丰城企业厂“11·24”冷却塔施工平台坍塌重大事故调查报告[R].2017：1-60.

[4]王洪进.企业安全文化建设方略[J].工业安全与环保，2003，(08)：45-48.

[5]刘宏新.电力应急一本通[M].北京:中国电力出版社，2017:36-45.

[6]甄枫杰，杜泽生.煤矿企业安全行为文化建设研究[J].中州煤炭，2015，(11)：42-45.

[7]彼得·德鲁克.卓有成效的管理者[M].北京:机械工业出版

社，2017:40-42.

[8]张慧，曹雄.关于安全经济投入的分析和探讨[J].机械管理开发，2008，(01)：143-144，146.

[9]裴文田.企业安全文化建设理论与实践[M].北京:红旗出版社，2014:3-9.

[10]习近平.高举中国特色社会主义伟大旗帜 为全面建设社会主义现代化国家而团结奋斗：在中国共产党第二十次全国代表大会上的报告（2022年10月16日）.党的二十大文件汇编[M].北京:党建读物出版社，2022，（11）:39-41.

[11]王立.基于多元成本文化建设的钢铁企业发展战略研究：以安钢为例[J].冶金经济与管理，2015，(02)：29-31.

[12]李婕.基于PDCA循环法的煤矿安全质量管理体系研究[J].中国石油和化工标准与质量，2022，42(13)：83-85.

[13]王冬冬，李克臣，孙茜，王雅琼，吕卓琳，杨兰兰，田晶，李明.基于AI分析的生产安全可视化平台在油田的应用研究[J].第七届数字油田国际学术会议论文集.2021.11.03：133-135.

[14]布合力其·努尔.企业安全文化建设初始规划用评估方法研究及应用[D].首都经济贸易大学（北京）硕士学位论文.2011.

[15]国务院安委会办公室关于全面加强企业全员安全生产责任制工作的通知.安委办〔2017〕29号.http://www.gov.cn/

xinwen/2017-11/03/content_5236973.htm.

[16]中华人民共和国安全生产法[S].２００２年６月２９日第九届全国人民代表大会常务委员会第二十八次会议通过，２００２年６月２９日中华人民共和国主席令第七十号公布，自２００２年１１月１日起施行. http://www.gov.cn/banshi/2005-08/05/content_20700.htm.

[17]“六同”管理.“六同”在承包商安全管理中的应用[J].云南水力发电，2020，36(04):181-182，186.

[18]张文成.墨菲定律[M].北京:古吴轩出版社，2019:1-20.

[19]吴峥.金字塔原理[M].江苏:江苏凤凰文艺出版社，2021:15-100.

[20]吴斐.多米诺骨牌效应：“商务知识”篇[M].武汉:武汉大学出版社，2016:1-100.

[21]沈建新.如何实现班队活动的“冰山效应”[J].辅导员，2003，(07)：20.

[22]志晶.蝴蝶效应[M].北京:古吴轩出版社，2018:30-120.

[23]冈村拓朗.PDCA循环工作法[M].朱悦玮，译.北京:时代华文书局，2021:1-10.

[24]罗云.企业本质安全:理论·模式·方法·范例[M]. 3版.北京:化学工业出版社，2018:1-100.

[25]新益为.图解6S管理全案[M].北京:人民邮电出版社，

2022:1-120.

[26]左文刚.图表解设备全过程规范管理手册[M].北京:机械工业出版社，2019:25-51.

[27]曹海涛，王凤彤，徐长海，武怀茂.海因里希法则与安全绩效关系分析[J].石油化工安全环保技术，2022，38(02).12-17，5.

[28]西德尼·德克尔.安全科学基础：认识事故和灾难的世纪[M].北京:中国工人出版社，2021:84-87.

[29]陈宝智.系统安全评价与预测 [M].2版.北京:冶金工业出版社，2011:15-120.

[30]亚伯拉罕·马斯洛.马斯洛需求层次理论：全3册[M].北京:中国青年出版社，2022:1-200.

[31]张驰.九步通向成功:企业推行精益六西格玛的木桶原理[M].北京:机械工业出版社，2008:1-5.

[32]“格瑞斯特定理”带给企业安全管理的启示:构建良好安全管理体系的同时，也要打造一支具有卓越“执行力”的安全管理团队[J]. 中国安全生产科学技术，2019，15(11)：2.

[33]理查德·科克.二八定律：用更少获得更多的秘密[M].北京:中国青年出版社，2021:1-20.

[34]中华人民共和国国家质量监督检验检疫总局中国国家

标准化管理委员会.GB 2894-2008 安全标志及其使用导则[S].北京：中国标准出版社，2008.

[35]GB39800.1-2020 个体防护装备配备规范第1部分：总则[S].北京：中国标准出版社，2021.

[36]赵湘，庞薇薇，郭琳，李丽.开展联动安全稽查 规范员工作业行为[J].大陆桥视野，2018，(11)：80-82.

[37]贾彦勇，高宁.应急救援通道改善策略[J].劳动保护，2019，(05)：89-91.

ICS 13.020
C 65

# 中华人民共和国国家标准

GB 2894—2008
代替 GB 2894—1996,GB 16179—1996,GB 18217—2000

# 安全标志及其使用导则

## Safety signs and guideline for the use

2008-12-11 发布　　2009-10-01 实施

中华人民共和国国家质量监督检验检疫总局
中国国家标准化管理委员会　发布

# 前 言

**本标准的全部技术内容为强制性。**

本标准参照国际标准化组织ISO 7010 Graphical symbols-Safety colours and safety signs-Safety signs used in workplaces and public areas（图形符号——安全颜色和安全标志——工作场所和公共区域安全标志），结合GB/T 10001《标志用公共信息图形符号》和 GB 13495《消防安全标志》进行了修订、补充。

本标准对现行国家标准GB 2894-1996《安全标志》、GB 16179-1996《安全标志使用导则》和 GB 18217-2000《激光安全标志》进行合并、修订。

本标准与GB 2894-1996、GB 16179-1996 和 GB 18217-2000相比，内容的变化主要有：

——按照GB/T 1.1的要求，将GB 2894-1996、GB 16179-1996 和 GB 18217-2000 进行了合并、补充及修改，重新起草了

标准文本；

——调整了标准的适用范围；

——新增加了38个图形符号：禁止叉车和厂内机动车辆通行、禁止推动、禁止伸出窗外、禁止倚靠、禁止坐卧、禁止蹬踏、禁止伸入、禁止开启无线移动通讯设备、禁止携带金属物或手表、禁止佩戴心脏起搏器者靠近标志、禁止植入金属材料者靠近、禁止游泳、禁止滑冰、禁止携带武器及仿真武器、禁止携带托运易燃及易爆物品、禁止携带托运毒物品及有害液体、禁止携带托运放射性及磁性物品、当心自动启动、当心碰头、当心挤压、当心夹手、当心有犬、当心高温表面、当心低温、当心磁场、当心叉车、当心跌落、当心落水、当心缝隙、必须配戴遮光护目镜、必须洗手、必须接地、必须拔出插头、应急避难场所、击碎板面、急救点、应急电话、紧急医疗站；

——对5个图形符号进行了修改：禁止触摸、禁止饮用、当心吊物、当心障碍物、当心滑倒；

——减少1个图形符号：当心瓦斯；

——规定了新增、修改后安全标志图形应设置的范围和地点、型号的选用、设置高度以及使用的要求等内容。

本标准自实施之日起，代替GB 2894-1996、GB 16179-1996和 GB 18217-2000。

本标准的附录A、附录B、附录C是规范性附录。

本标准由国家安全生产监督管理总局提出。

本标准由全国安全生产标准化技术委员会归口。

本标准起草单位：北京市劳动保护科学研究所、北京光电技术研究所。

本标准主要起草人：汪彤、代宝乾、王培怡、吴爱平、吕良海、白永强、陈晓玲、陈虹桥、谢昱姝、宋冰雪、阮继锋、卢永红、张晋、马云飞。

本标准所代替标准的历次版本发布情况为：

——GB 2894-1982、GB 2894-1988、GB 2894-1996；

——GB 16179-1996；

——GB 18217-2000。

# 安全标志及其使用导则

## 1 范围

本标准规定了传递安全信息的标志及其设置、使用的原则。

本标准适用于公共场所、工业企业、建筑工地和其他有必要提醒人们注意安全的场所。

## 2 规范性引用文件

下列文件中的条款通过本标准的引用而成为本标准的条款。凡是注日期的引用文件，其随后所有的修改单（不包括勘误的内容）或修订版均不适用于本标准，然而，鼓励根据本标准达成协议的各方研究是否可使用这些文件的最新版本。凡是不注日期的引用文件，其最新版本适用于本标准。

GB 2893 安全色

GB/T 10001（所有部分）标志用公共信息图形符号

GB 10436 作业场所微波辐射卫生标准

GB 10437 作业场所超高频辐射卫生标准

GB 12268-2005 危险货物品名表

GB/T 15566（所有部分）公共信息导向系统设置原则与要求

## 3 术语和定义

下列术语和定义适用于本标准。

3.1

**安全标志 safety sign**

用以表达特定安全信息的标志，由图形符号、安全色、几何形状（边框）或文字构成。

3.2

**安全色 safety colour**

传递安全信息含义的颜色，包括红、蓝、黄、绿四种颜色。

3.3

**禁止标志 prohibition sign**

禁止人们不安全行为的图形标志。

3.4

**警告标志 warning sign**

提醒人们对周围环境引起注意，以避免可能发生危险的图形标志。

3.5

**指令标志 direction sign**

强制人们必须做出某种动作或采用防范措施的图形标志。

3.6

**提示标志 information sign**

向人们提供某种信息（如标明安全设施或场所等）的图形标志。

3.7

**说明标志 explanatory sign**

向人们提供特定提示信息（标明安全分类或防护措施等）的标记，由几何图形边框和文字构成。

3.8

**环境信息标志 environmental information sign**

所提供的信息涉及较大区域的图形标志。标志种类代号：H。

3.9

**局部信息标志 partial information sign**

所提供的信息只涉及某地点，甚至某个设备或部件的图形标志。标志种类代号：J。

## 4 标志类型

安全标志分禁止标志、警告标志、指令标志和提示标志四大类型。

### 4.1 禁止标志

4.1.1 禁止标志的基本形式是带斜杠的圆边框，如图1所示。

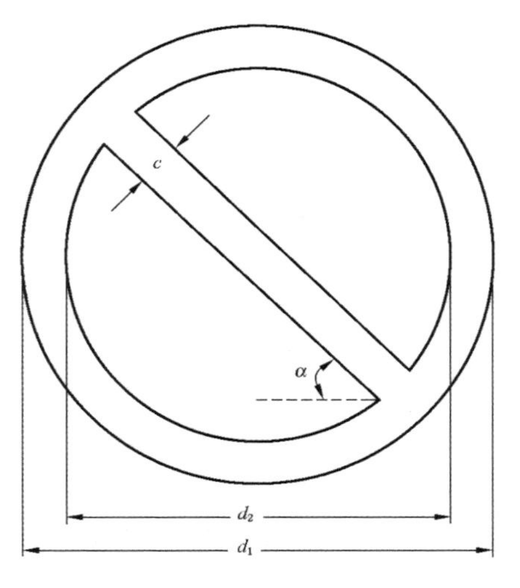


**图1 禁止标志的基本形式**

4.1.2 禁止标志基本形式的参数：

外径 $d_1=0.025L$；

内径 $d_2=0.800d_1$；

斜杠宽 $c=0.080d_2$；

斜杠与水平线的夹角$\alpha=45°$；

$L$为观察距离（见附录A）。

4.1.3 禁止标志，如表1。

**表1 禁止标志**

| 编号 | 图形标志 | 名称 | 标志种类 | 设置范围和地点 |
|---|---|---|---|---|
| 1－1 | | 禁止吸烟<br>No smoking | H | 有甲、乙、丙类火灾危险物质的场所和禁止吸烟的公共场所等，如：木工车间、油漆车间、沥青车间、纺织厂、印染厂等 |
| 1－2 | | 禁止烟火<br>No burning | H | 有甲、乙、丙类火灾危险物质的场所，如：面粉厂、煤粉厂、焦化厂、施工工地等 |
| 1－3 | | 禁止带火种<br>No kindling | H | 有甲类火灾危险物质及其他禁止带火种的各种危险场所，如：炼油厂、乙炔站、液化石油气站、煤矿井内、林区、草原等 |

表1 （续）

| 编号 | 图形标志 | 名称 | 标志种类 | 设置范围和地点 |
| --- | --- | --- | --- | --- |
| 1－4 |  | 禁止用水灭火<br>No extinguishing with water | H，J | 生产、储运、使用中有不准用水灭火的物质的场所，如：变压器室、乙炔站、化工药品库、各种油库等 |
| 1－5 |  | 禁止放置易燃物<br>No laying inflammable thing | H，J | 具有明火设备或高温的作业场所，如：动火区，各种焊接、切割、锻造、浇注车间等场所 |
| 1－6 |  | 禁止堆放<br>No stocking | J | 消防器材存放处、消防通道及车间主通道等 |
| 1－7 |  | 禁止启动<br>No starting | J | 暂停使用的设备附近，如：设备检修、更换零件等 |
| 1－8 |  | 禁止合闸<br>No switching on | J | 设备或线路检修时，相应开关附近 |
| 1－9 |  | 禁止转动<br>No turning | J | 检修或专人定时操作的设备附近 |

表1 （续）

| 编号 | 图形标志 | 名称 | 标志种类 | 设置范围和地点 |
|---|---|---|---|---|
| 1－10 |  | 禁止叉车和厂内机动车辆通行<br>No access for fork lift trucks and other industrial vehicles | J，H | 禁止叉车和其他厂内机动车辆通行的场所 |
| 1－11 |  | 禁止乘人<br>No riding | J | 乘人易造成伤害的设施，如：室外运输吊篮、外操作载货电梯框架等 |
| 1－12 |  | 禁止靠近<br>No nearing | J | 不允许靠近的危险区域，如：高压试验区、高压线、输变电设备的附近 |
| 1－13 |  | 禁止入内<br>No entering | J | 易造成事故或对人员有伤害的场所，如：高压设备室、各种污染源等入口处 |
| 1－14 |  | 禁止推动<br>No pushing | J | 易于倾倒的装置或设备，如车站屏蔽门等 |
| 1－15 |  | 禁止停留<br>No stopping | H，J | 对人员具有直接危害的场所，如：粉碎场地、危险路口、桥口等处 |

表1 （续）

| 编号 | 图形标志 | 名称 | 标志种类 | 设置范围和地点 |
|---|---|---|---|---|
| 1－16 |  | 禁止通行<br>No throughfare | H，J | 有危险的作业区，如：起重、爆破现场，道路施工工地等 |
| 1－17 |  | 禁止跨越<br>No striding | J | 禁止跨越的危险地段，如：专用的运输通道、带式输送机和其他作业流水线，作业现场的沟、坎、坑等 |
| 1－18 |  | 禁止攀登<br>No climbing | J | 不允许攀爬的危险地点，如：有坍塌危险的建筑物、构筑物、设备旁 |
| 1－19 |  | 禁止跳下<br>No jumping down | J | 不允许跳下的危险地点，如：深沟、深池、车站站台及盛装过有毒物质、易产生窒息气体的槽车、贮罐、地窖等处 |
| 1－20 |  | 禁止伸出窗外<br>No stretching out of the window | J | 易于造成头手伤害的部位或场所，如公交车窗、火车车窗等 |
| 1－21 |  | 禁止倚靠<br>No leaning | J | 不能依靠的地点或部位，如列车车门、车站屏蔽门、电梯轿门等 |

表1 （续）

| 编号 | 图形标志 | 名称 | 标志种类 | 设置范围和地点 |
|---|---|---|---|---|
| 1－22 | | 禁止坐卧<br>No sitting | J | 高温、腐蚀性、塌陷、坠落、翻转、易损等易于造成人员伤害的设备设施表面 |
| 1－23 | | 禁止蹬踏<br>No steeping on surface | J | 高温、腐蚀性、塌陷、坠落、翻转、易损等易于造成人员伤害的设备设施表面 |
| 1－24 | | 禁止触摸<br>No touching | J | 禁止触摸的设备或物体附近，如：裸露的带电体，炽热物体，具有毒性、腐蚀性物体等处 |
| 1－25 | | 禁止伸入<br>No reaching in | J | 易于夹住身体部位的装置或场所，如有开口的传动机、破碎机等 |
| 1－26 | | 禁止饮用<br>No drinking | J | 禁止饮用水的开关处，如：循环水、工业用水、污染水等 |
| 1－27 | | 禁止抛物<br>No tossing | J | 抛物易伤人的地点，如：高处作业现场，深沟（坑）等 |

表1 （续）

| 编号 | 图形标志 | 名称 | 标志种类 | 设置范围和地点 |
|---|---|---|---|---|
| 1－28 | | 禁止戴手套<br>No putting on gloves | J | 戴手套易造成手部伤害的作业地点，如：旋转的机械加工设备附近 |
| 1－29 | | 禁止穿化纤服装<br>No putting on chemical fibre clothings | H | 有静电火花会导致灾害或有炽热物质的作业场所，如：冶炼、焊接及有易燃易爆物质的场所等 |
| 1－30 | | 禁止穿带钉鞋<br>No putting on spikes | H | 有静电火花会导致灾害或有触电危险的作业场所，如：有易燃易爆气体或粉尘的车间及带电作业场所 |
| 1－31 | | 禁止开启无线移动通讯设备<br>No activated mobile phones | J | 火灾、爆炸场所以及可能产生电磁干扰的场所，如加油站、飞行中的航天器、油库、化工装置区等 |
| 1－32 | | 禁止携带金属物或手表<br>No metallic articles or watches | J | 易受到金属物品干扰的微波和电磁场所，如磁共振室等 |
| 1－33 | | 禁止佩戴心脏起搏器者靠近<br>No access for persons with pacemakers | J | 安装人工起搏器者禁止靠近高压设备、大型电机、发电机、电动机、雷达和有强磁场设备等 |

表1 （续）

| 编号 | 图形标志 | 名称 | 标志种类 | 设置范围和地点 |
|---|---|---|---|---|
| 1－34 |  | 禁止植入金属材料者靠近<br>No acdess for persons with metallic implants | J | 易受到金属物品干扰的微波和电磁场所，如磁共振室等 |
| 1－35 |  | 禁止游泳<br>No swimming | H | 禁止游泳的水域 |
| 1－36 |  | 禁止滑冰<br>No skating | H | 禁止滑冰的场所 |
| 1－37 |  | 禁止携带武器及仿真武器<br>No carrying weapons and emulating weapons | H | 不能携带和托运武器、凶器和仿真武器的场所或交通工具，如飞机等 |
| 1－38 |  | 禁止携带托运易燃及易爆物品<br>No carrying flammable and explosive materials | H | 不能携带和托运易燃、易爆物品及其他危险品的场所或交通工具，如火车、飞机、地铁等 |
| 1－39 |  | 禁止携带托运有毒物品及有害液体<br>No carrying poisonous materials and harmful liquid | H | 不能携带托运有毒物品及有害液体的场所或交通工具，如火车、飞机、地铁等 |

表1 （续）

| 编号 | 图形标志 | 名称 | 标志种类 | 设置范围和地点 |
| --- | --- | --- | --- | --- |
| 1－40 |  | 禁止携带托运放射性及磁性物品<br>No carrying radioactive and magnetic materials | H | 不能携带托运放射性及磁性物品的场所或交通工具，如火车、飞机、地铁等 |

## 4.2 警告标志

4.2.1 警告标志的基本形式是正三角形边框，如图2所示。

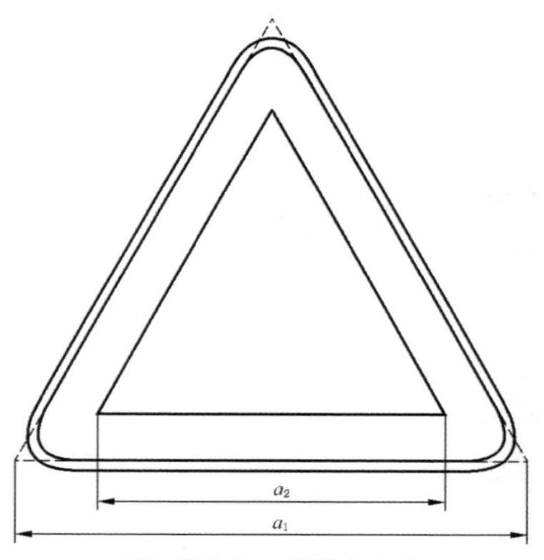


**图2 警告标志的基本形式**

4.2.2 警告标志基本形式的参数：

外边$a_1 = 0.034L$；

内边 $a_2 = 0.700a_1$；

边框外角圆弧半径 $r = 0.080\ a_2$；

$L$为观察距离（见附录A）。

4.2.3 警告标志，如表2。

表2 警告标志

| 编号 | 图形标志 | 名称 | 标志种类 | 设置范围和地点 |
|---|---|---|---|---|
| 2－1 | | 注意安全<br>Warning danger | H，J | 易造成人员伤害的场所及设备等 |
| 2－2 | | 当心火灾<br>Warning fire | H，J | 易发生火灾的危险场所，如：可燃性物质的生产、储运、使用等地点 |
| 2－3 | | 当心爆炸<br>Warning explosion | H，J | 易发生爆炸危险的场所，如易燃易爆物质的生产、储运、使用或受压容器等地点 |

表2 （续）

| 编号 | 图形标志 | 名称 | 标志种类 | 设置范围和地点 |
| --- | --- | --- | --- | --- |
| 2－4 |  | 当心腐蚀 Warning corrosion | J | 有腐蚀性物质（GB 12268-2005中第8类所规定的物质）的作业地点 |
| 2－5 |  | 当心中毒 Warning poisoning | H，J | 剧毒品及有毒物质（GB 12268-2005中第6类第1项所规定的物质）的生产、储运及使用场所 |
| 2－6 |  | 当心感染 Warning infection | H，J | 易发生感染的场所，如：医院传染病区；有害生物制品的生产、储运、使用等地点 |
| 2－7 |  | 当心触电 Warning electric shock | J | 有可能发生触电危险的电器设备和线路，如：配电室、开关等 |
| 2－8 |  | 当心电缆 Warning cable | J | 在暴露的电缆或地面下有电缆处施工的地点 |

表2 （续）

| 编号 | 图形标志 | 名称 | 标志种类 | 设置范围和地点 |
|---|---|---|---|---|
| 2-9 | | 当心<br>自动启动<br>Warning automatic start-up | J | 配有自动启动装置的设备 |
| 2-10 | | 当心<br>机械伤人<br>Warning mechanical injury | J | 易发生机械卷入、轧压、碾压、剪切等机械伤害的作业地点 |
| 2-11 | | 当心塌方<br>Warning collapse | H，J | 有塌方危险的地段、地区，如：堤坝及土方作业的深坑、深槽等 |
| 2-12 | | 当心冒顶<br>Warning roof fall | H，J | 具有冒顶危险的作业场所，如：矿井、隧道等 |
| 2-13 | | 当心坑洞<br>Warning hole | J | 具有坑洞易造成伤害的作业地点，如：构件的预留孔洞及各种深坑的上方等 |

表2 （续）

| 编号 | 图形标志 | 名称 | 标志种类 | 设置范围和地点 |
| --- | --- | --- | --- | --- |
| 2-14 | | 当心落物 Warning falling objects | J | 易发生落物危险的地点，如：高处作业、立体交叉作业的下方等 |
| 2-15 | | 当心吊物 Warning overhead load | J，H | 有吊装设备作业的场所，如：施工工地、港口、码头、仓库、车间等 |
| 2-16 | | 当心碰头 Warning overhead obstacles | J | 有产生碰头的场所 |
| 2-17 | | 当心挤压 Warning crushing | J | 有产生挤压的装置、设备或场所，如自动门、电梯门、车站屏蔽门等 |
| 2-18 | | 当心烫伤 Warning scald | J | 具有热源易造成伤害的作业地点，如：冶炼、锻造、铸造、热处理车间等 |

表2 （续）

| 编号 | 图形标志 | 名称 | 标志种类 | 设置范围和地点 |
|---|---|---|---|---|
| 2-19 | | 当心伤手 Warning injure hand | J | 易造成手部伤害的作业地点，如：玻璃制品、木制加工、机械加工车间等 |
| 2-20 | | 当心夹手 Warning hands pinching | J | 有产生挤压的装置、设备或场所，如自动门、电梯门、列车车门等 |
| 2-21 | | 当心扎脚 Warning splinter | J | 易造成脚部伤害的作业地点，如：铸造车间、木工车间、施工工地及有尖角散料等处 |
| 2-22 | | 当心有犬 Warning guard dog | H | 有犬类作为保卫的场所 |
| 2-23 | | 当心弧光 Warning arc | H，J | 由于弧光造成眼部伤害的各种焊接作业场所 |

表2 （续）

| 编号 | 图形标志 | 名称 | 标志种类 | 设置范围和地点 |
| --- | --- | --- | --- | --- |
| 2-24 |  | 当心<br>高温表面<br>Warning hot surface | J | 有灼烫物体表面的场所 |
| 2-25 |  | 当心低温<br>Warning low temperature/ freezing conditions | J | 易于导致冻伤的场所，如：冷库、气化器表面、存在液化气体的场所等 |
| 2-26 |  | 当心磁场<br>Warning magnetic field | J | 有磁场的区域或场所，如高压变压器、电磁测量仪器附近等 |
| 2-27 |  | 当心<br>电离辐射<br>Warning ionizing radiation | H，J | 能产生电离辐射危害的作业场所，如：生产、储运、使用GB 12268-2005规定的第7类物质的作业区 |
| 2-28 |  | 当心<br>裂变物质<br>Warning fission matter | J | 具有裂变物质的作业场所，如：其使用车间、储运仓库、容器等 |

表2 （续）

| 编号 | 图形标志 | 名称 | 标志种类 | 设置范围和地点 |
|---|---|---|---|---|
| 2－29 | | 当心激光<br>Warning laser | H，J | 有激光产品和生产、使用、维修激光产品的场所（激光辐射警告标志常用尺寸规格见附录B） |
| 2－30 | | 当心微波<br>Warning microwave | H | 凡微波场强超过GB 10436、GB 10437规定的作业场所 |
| 2－31 | | 当心叉车<br>Warning fork lift trucks | J，H | 有叉车通行的场所 |
| 2－32 | | 当心车辆<br>Warning vehicle | J | 厂内车、人混合行走的路段，道路的拐角处、平交路口；车辆出入较多的厂房、车库等出入口 |
| 2－33 | | 当心火车<br>Warning train | J | 厂内铁路与道路平交路口，厂（矿）内铁路运输线等 |

表2 （续）

| 编号 | 图形标志 | 名称 | 标志种类 | 设置范围和地点 |
|---|---|---|---|---|
| 2－34 | | 当心坠落<br>Warning<br>drop down | J | 易发生坠落事故的作业地点，如：脚手架、高处平台、地面的深沟（池、槽）、建筑施工、高处作业场所等 |
| 2－35 | | 当心障碍物<br>Warning<br>obstacles | J | 地面有障碍物，绊倒易造成伤害的地点 |
| 2－36 | | 当心跌落<br>Warning<br>drop（fall） | J | 易于跌落的地点，如：楼梯、台阶等 |
| 2－37 | | 当心滑倒<br>Warning<br>slippery<br>surface | J | 地面有易造成伤害的滑跌地点，如：地面有油、冰、水等物质及滑坡处 |
| 2－38 | | 当心落水<br>Warning<br>falling into<br>water | J | 落水后有可能产生淹溺的场所或部位，如城市河流、消防水池等 |

表2 （续）

| 编号 | 图形标志 | 名称 | 标志种类 | 设置范围和地点 |
|---|---|---|---|---|
| 2－39 | | 当心缝隙<br>Warning gap | J | 有缝隙的装置、设备或场所，如自动门、电梯门、列车等 |

## 4.3 指令标志

4.3.1 指令标志的基本形式是圆形边框，如图3所示。

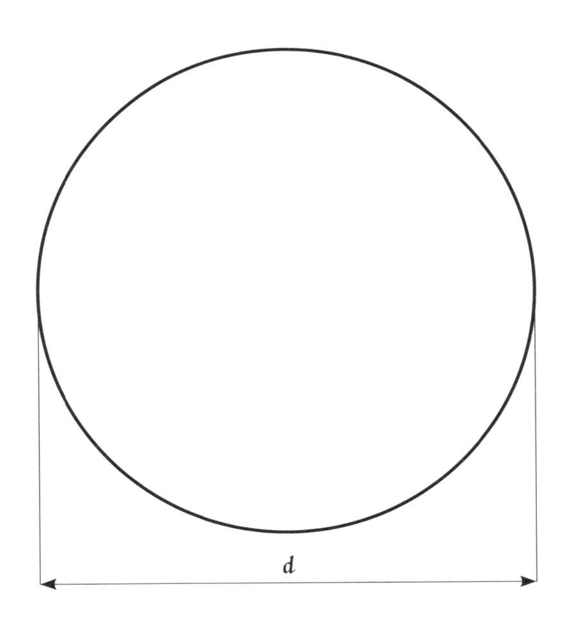


图3 指令标志的基本形式

4.3.2 指令标志基本形式的参数：

直径 $d=0.025L$；

$L$为观察距离（见附录A）。

4.3.3 指令标志，如表3。

**表3 指令标志**

| 编号 | 图形标志 | 名称 | 标志种类 | 设置范围和地点 |
| --- | --- | --- | --- | --- |
| 3－1 |  | 必须戴防护眼镜 Must wear protective goggles | H，J | 对眼镜有伤害的各种作业场所和施工场所 |
| 3－2 |  | 必须配戴遮光护目镜 Must wear opaque eye protection | J，H | 存在紫外、红外、激光等光辐射的场所，如电气焊等 |
| 3－3 |  | 必须戴防尘口罩 Must wear dustproof mask | H | 具有粉尘的作业场所，如：纺织清花车间、粉状物料拌料车间以及矿山凿岩处等 |

表3（续）

| 编号 | 图形标志 | 名称 | 标志种类 | 设置范围和地点 |
| --- | --- | --- | --- | --- |
| 3－4 |  | 必须<br>戴防毒面具<br>Must wear gas defence mask | H | 具有对人体有害的气体、气溶胶、烟尘等作业场所，如：有毒物散发的地点或处理由毒物造成的事故现场 |
| 3－5 |  | 必须<br>戴护耳器<br>Must wear ear protector | H | 噪声超过85dB的作业场所，如：铆接车间、织布车间、射击场、工程爆破、风动掘进等处 |
| 3－6 |  | 必须<br>戴安全帽<br>Must wear safety helmet | H | 头部易受外力伤害的作业场所，如：矿山、建筑工地、伐木场、造船厂及起重吊装处等 |
| 3－7 |  | 必须<br>戴防护帽<br>Must wear protective cap | H | 易造成人体碾绕伤害或有粉尘污染头部的作业场所，如：纺织、石棉、玻璃纤维以及具有旋转设备的机加工车间等 |
| 3－8 |  | 必须<br>系安全带<br>Must fastened safety belt | H，J | 易发生坠落危险的作业场所，如：高处建筑、修理、安装等地点 |
| 3－9 |  | 必须<br>穿救生衣<br>Must wear life jacket | H，J | 易发生溺水的作业场所，如：船舶、海上工程结构物等 |

表3 （续）

| 编号 | 图形标志 | 名称 | 标志种类 | 设置范围和地点 |
|---|---|---|---|---|
| 3－10 |  | 必须穿防护服 Must wear protective clothes | H | 具有放射、微波、高温及其他需穿防护服的作业场所 |
| 3－11 |  | 必须戴防护手套 Must wear protective gloves | H，J | 易伤害手部的作业场所，如：具有腐蚀、污染、灼烫、冰冻及触电危险的作业等地点 |
| 3－12 |  | 必须穿防护鞋 Must wear protective shoes | H，J | 易伤害脚部的作业场所，如：具有腐蚀、灼烫、触电、砸（刺）伤等危险的作业地点 |
| 3－13 |  | 必须洗手 Must wash your hands | J | 接触有毒有害物质作业后 |
| 3－14 |  | 必须加锁 Must be locked | J | 剧毒品、危险品库房等地点 |
| 3－15 |  | 必须接地 Must connect an earth terminal to the ground | J | 防雷、防静电场所 |

表3 （续）

| 编号 | 图形标志 | 名称 | 标志种类 | 设置范围和地点 |
|---|---|---|---|---|
| 3－16 |  | 必须<br>拔出插头<br>Must disconnect mains plug from electrical outlet | J | 在设备维修、故障、长期停用、无人值守状态下 |

## 4.4 提示标志

4.4.1 提示标志的基本形式是正方形边框，如图4所示。

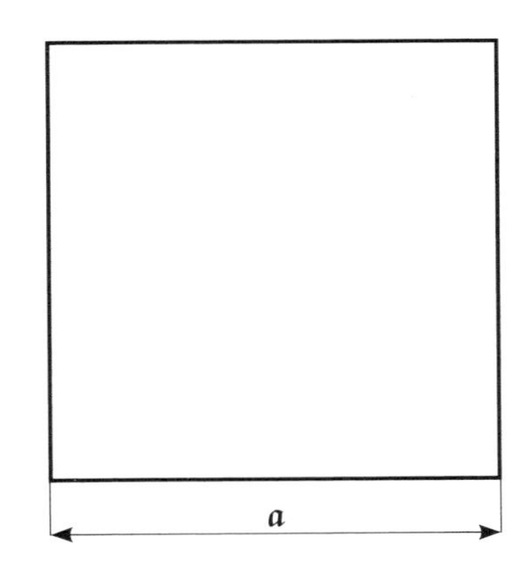


图4 提示标志的基本形式

4.4.2 提示标志基本形式的参数

边长 $a=0.025L$，

$L$为观察距离（见附录A）。

4.4.3 提示标志，如表4。

## 表4 提示标志

| 编号 | 图形标志 | 名称 | 标志种类 | 设置范围和地点 |
| --- | --- | --- | --- | --- |
| 4－1 |   | 紧急出口 Emergent exit | J | 便于安全疏散的紧急出口处，与方向箭头结合设在通向紧急出口的通道、楼梯口等处 |
| 4－2 |  | 避险处 Haven | J | 铁路桥、公路桥、矿井及隧道内躲避危险的地点 |

表4 （续）

| 编号 | 图形标志 | 名称 | 标志种类 | 设置范围和地点 |
| --- | --- | --- | --- | --- |
| 4－3 | | 应急避难场所 Evacuation assembly point | H | 在发生突发事件时用于容纳危险区域内疏散人员的场所，如公园、广场等 |
| 4－4 | | 可动火区 Flare up region | J | 经有关部门划定的可使用明火的地点 |
| 4－5 | | 击碎板面 Break to obtain access | J | 必须击开板面才能获得出口 |
| 4－6 | | 急救点 First aid | J | 设置现场急救仪器设备及药品的地点 |
| 4－7 | | 应急电话 Emergency telephone | J | 安装应急电话的地点 |

表4 （续）

| 编号 | 图形标志 | 名称 | 标志种类 | 设置范围和地点 |
|---|---|---|---|---|
| 4－8 |  | 紧急医疗站<br>Doctor | J | 有医生的医疗救助场所 |

4.4.4 提示标志的方向辅助标志：

提示标志提示目标的位置时要加方向辅助标志。按实际需要指示左向时，辅助标志应放在图形标志的左方；如指示右向时，则应放在图形标志的右方，如图5。

图5 应用方向辅助标志示例

4.5 文字辅助标志

4.5.1 文字辅助标志的基本形式是矩形边框。

4.5.2 文字辅助标志有横写和竖写两种形式。

4.5.2.1 横写时，文字辅助标志写在标志的下方，可以和标志连在一起，也可以分开。

禁止标志、指令标志为白色字；警告标志为黑色字。禁止标志、指令标志衬底色为标志的颜色，警告标志衬底色为白色，如图6。

4.5.2.2 竖写时，文字辅助标志写在标志杆的上部。

禁止标志、警告标志、指令标志、提示标志均为白色衬底，黑色字。

标志杆下部色带的颜色应和标志的颜色相一致。如图7。

图6 横写的文字辅助标志

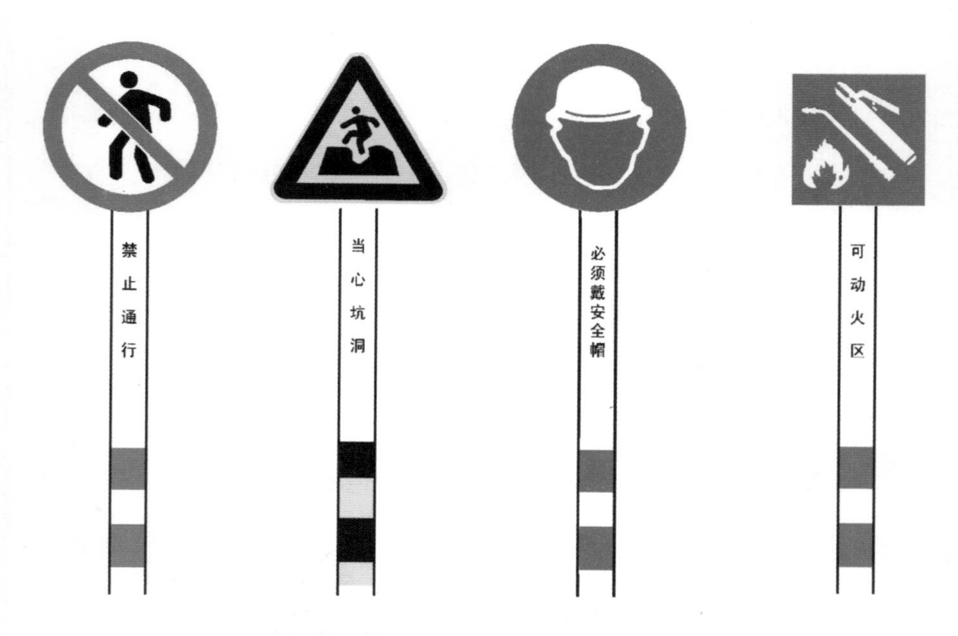


图7 竖写在标志杆上部的文字辅助标志

4.5.2.3 文字字体均为黑体字。

## 4.6 激光辐射窗口标志和说明标志

激光辐射窗口标志和说明标志应配合“当心激光”警告标志使用，说明标志包括激光产品辐射分类说明标志和激光辐射场所安全说明标志，激光辐射窗口标志和说明标志的图形、尺寸和使用方法见附录C。

## 5 颜色

安全标志所用的颜色应符合 GB 2893 规定的颜色。

## 6 安全标志牌的要求

### 6.1 标志牌的衬边

安全标志牌要有衬边。除警告标志边框用黄色勾边外，其余全部用白色将边框勾一窄边，即为安全标志的衬边，衬边宽度为标志边长或直径的 0.025 倍。

### 6.2 标志牌的材质

安全标志牌应采用坚固耐用的材料制作，一般不宜使用遇水变形、变质或易燃的材料。有触电危险的作业场所应使用绝缘材料。

6.3 标志牌表面质量

标志牌应图形清楚，无毛刺、孔洞和影响使用的任何疵病。

## 7 标志牌的型号选用（型号见附录A）

7.1 工地、工厂等的入口处设 6 型或 7 型。

7.2 车间入口处、厂区内和工地内设 5 型或 6 型。

7.3 车间内设 4 型或 5 型。

7.4 局部信息标志牌设 1 型、2 型或 3 型。

无论厂区或车间内，所设标志牌其观察距离不能覆盖全厂或全车间面积时，应多设几个标志牌。

## 8 标志牌的设置高度

标志牌设置的高度，应尽量与人眼的视线高度相一致。悬挂式和柱式的环境信息标志牌的下缘距地面的高度不宜小于2m；局部信息标志的设置高度应视具体情况确定。

## 9 安全标志牌的使用要求

9.1 标志牌应设在与安全有关的醒目地方，并使大家看见后，有足够的时间来注意它所表示的内容。环境信息标志宜设在有关场所的入口处和醒目处；局部信息标志应设在所涉及的相应危险地点或设备（部件）附近的醒目处。激光产品和激光作业场所安全标志的使用见附录C。

9.2 标志牌不应设在门、窗、架等可移动的物体上，以免标志牌随母体物体相应移动，影响认读。标志牌前不得放置妨碍认读的障碍物。

9.3 标志牌的平面与视线夹角应接近90°，观察者位于最大观察距离时，最小夹角不低于75°，如图8。

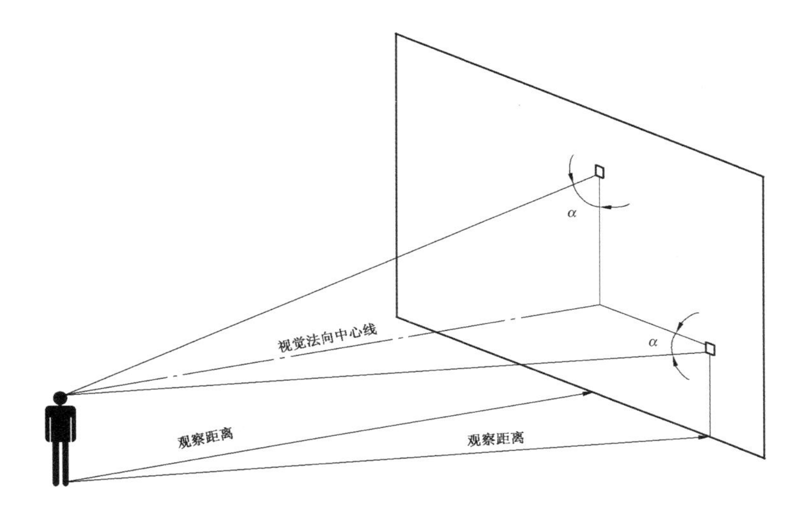


**图8 标志牌平面与视线夹角$\alpha$不低于75°**

9.4 标志牌应设置在明亮的环境中。

9.5 多个标志牌在一起设置时，应按警告、禁止、指令、提示类型的顺序，先左后右、先上后下地排列。

9.6 标志牌的固定方式分附着式、悬挂式和柱式三种。悬挂式和附着式的固定应稳固不倾斜，柱式的标志牌和支架应牢固地联接在一起。

9.7 其他要求应符合GB/T 15566 的规定。

## 10 检查与维修

10.1 安全标志牌至少每半年检查一次，如发现有破损、变形、褪色等不符合要求时应及时修整或更换。

10.2 在修整或更换激光安全标志时应有临时的标志替换，以避免发生意外的伤害。

# 附录A

## （规范性附录）

## 安全标志牌的尺寸

表A.1 安全标志牌的尺寸

单位为米

| 型号 | 观察距离 $L$ | 圆形标志的外径 | 三角形标志的外边长 | 正方形标志的边长 |
|---|---|---|---|---|
| 1 | $0<L\leqslant 2.5$ | 0.070 | 0.088 | 0.063 |
| 2 | $2.5<L\leqslant 4.0$ | 0.110 | 0.1420 | 0.100 |
| 3 | $4.0<L\leqslant 6.3$ | 0.175 | 0.220 | 0.160 |
| 4 | $6.3<L\leqslant 10.0$ | 0.280 | 0.350 | 0.250 |
| 5 | $10.0<L\leqslant 16.0$ | 0.450 | 0.560 | 0.400 |
| 6 | $16.0<L\leqslant 25.0$ | 0.700 | 0.880 | 0.630 |
| 7 | $25.0<L\leqslant 40.0$ | 1.110 | 1.400 | 1.000 |
| 注：允许有3%的误差。 | | | | |

# 附录B

## （规范性附录）

## 激光辐射警告标志的尺寸

激光辐射警告标志如图B.1所示，常用尺寸规格见表B.1。

图B.1 激光辐射警告标志的图形与尺寸

表B.1 常用尺寸规格 单位为毫米

| $a$ | $g_1$ | $g_2$ | $r$ | $D_1$ | $D_2$ | $D_3$ | $d$ |
|---|---|---|---|---|---|---|---|
| 25 | 0.5 | 1.5 | 1.25 | 10.5 | 7 | 3.5 | 0.5 |
| 50 | 1 | 3 | 2.5 | 21 | 14 | 7 | 1 |
| 100 | 2 | 6 | 5 | 42 | 28 | 14 | 2 |
| 150 | 3 | 9 | 7.5 | 63 | 42 | 21 | 3 |
| 200 | 4 | 12 | 10 | 84 | 56 | 28 | 4 |
| 400 | 8 | 24 | 20 | 168 | 112 | 56 | 8 |
| 600 | 12 | 36 | 30 | 252 | 168 | 84 | 12 |

注1：尺寸$D_1$、$D_2$、$D_3$、$g_2$和$d$都是推荐值。
注2：能够理解标记的最大距离$L$与标记最小面积$A$之间的关系由公式给出：$A = L^2/2000$，式中$A$和$L$分别用平方米和米表示。这个公式适用于$L$小于50m的情况。
注3：这些尺寸都是推荐值。只要和这些推荐值成比例，符号和边界清晰易读，并与激光产品要求的尺寸相符合。

# 附录C

## (规范性附录)

## 激光辐射窗口标志、说明标志及其使用

### C.1 激光辐射窗口标志

C.1.1 激光辐射窗口标志为带说明文字的长方形（见图C.1），其位置应在紧贴“当心激光”警告标志下边界的正下方。

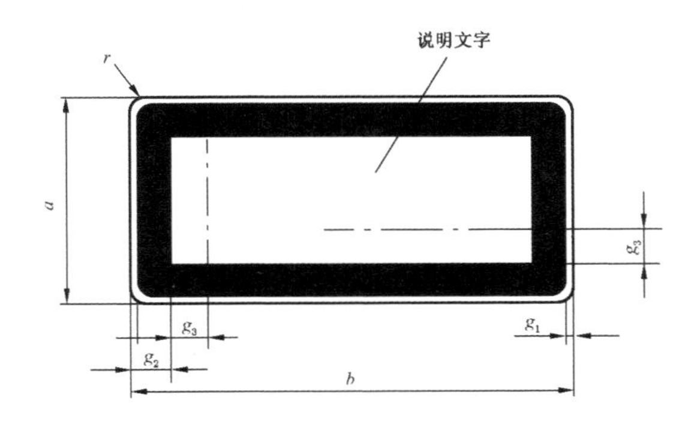


图C.1 激光辐射窗口标志的图形与尺寸

C.1.2 激光辐射窗口标志说明文字为：

**激光窗口**

**或**

**避免受到从该窗口出射的**

**激光辐射**

C.1.3 激光辐射窗口标志说明文字应写在激光辐射窗口标志规定的长方形边框中（见图C.1），文字的位置在激光辐射窗口标志 $g_3$ 尺寸规定的虚线框内。

C.1.4 激光辐射窗口的常用尺寸规格见表C.1。

**表C.1 常用尺寸规格**

单位为毫米

| a×b | $g_1$ | $g_2$ | $g_3$ | r | 文字的最小字号 |
|---|---|---|---|---|---|
| 26×52 | 1 | 4 | 4 | 2 | 文字的最小字号的大小必须能复制清楚 |
| 52×105 | 1.6 | 5 | 5 | 3.2 | |
| 74×148 | 2 | 6 | 7.5 | 4 | |
| 100×250 | 2.5 | 8 | 12.5 | 5 | |
| 140×200 | 2.5 | 10 | 10 | 5 | |
| 140×250 | 2.5 | 10 | 12.5 | 5 | |
| 140×400 | 3 | 10 | 20 | 6 | |
| 200×250 | 3 | 12 | 12.5 | 6 | |
| 200×400 | 3 | 12 | 20 | 6 | |
| 250×400 | 4 | 15 | 25 | 8 | |

## C.2 激光产品辐射分类说明标志

激光产品辐射分类说明标志为带说明文字的长方形（见图C.1），图形、尺寸、文字位置同C.1.1、C.1.3、C.1.4的规定。说明文字的内容必须严格按照不同的辐射分类给予说明。

C.2.1 对可能达到2类激光产品辐射分类标志的说明文字为：

**激光辐射**

**勿直视激光束**

**2 类激光产品**

C.2.2 对可能达到 3A 类激光产品辐射标志的说明文字为：

**激光辐射**

**勿直视或通过光学仪器观察激光束**

**3A 类激光产品**

C.2.3 对可能达到 3B 类激光产品辐射标志的说明文字为：

**激光辐射**

**避免激光束照射**

**3B 类激光产品**

C.2.4 对可能达到 4 类激光辐射标志的说明文字为：

**激光辐射**

**避免眼或皮肤受到直射和散射照射**

**4 类激光产品**

C.2.5 2类以上（包括 2 类）激光产品辐射分类标志的说明文字还应标明激光辐射的发射波长、脉冲宽度（如果脉冲激光输出）等信息。这些信息可以写在激光分类的下方或独立写在说明标志规定的长方形边框内。

C.2.6 说明文字中“激光辐射”一词对于波长在400nm～700nm

（可见）范围内的激光辐射注明“可见激光辐射”；对于波长在400 nm～700 nm范围之外的激光辐射应注明“不可见激光辐射”。

### C.3 激光辐射场所安全说明标志

C.3.1 激光辐射场所安全说明标志为带说明文字的长方形（见图C.1），图形、尺寸、文字位置同 C.1.1、C.1.3、C.1.4 的规定。说明文字的内容按照不同的辐射分类给予相应的说明。

C.3.2 对可能达到 3B 类激光辐射场所说明标志的说明文字为：

**激光辐射**

**避免激光束照射**

或者（也可同时）采用：

**激光工作**

**进入时请戴好防护镜**

C.3.3 对可能达到4类激光辐射标志的说明文字为：

**激光辐射**

**避免眼或皮肤受到直射和散射激光的照射**

或者（也可同时）采用：

**激光工作**

**未经允许不得入内**

## C.4 激光产品和激光作业场所安全标志的使用

### C.4.1 激光产品安全标志的使用

C.4.1.1 对所有可能达到2类的激光产品都必须有激光安全标志。每台设备必须同时具有激光警告标志、激光安全分类说明标志和激光窗口标志，激光产品安全标志使用实例见图C.2。

图C.2 激光产品安全标志使用实例

C.4.1.2 激光安全标志的粘贴位置必须是人员不受到超过1类辐射就能清楚看到的地方。激光分类说明标志应置于激光警告标志的正下方，激光窗口标志应置于激光出光口的附近（3类和4类激光产品应在所有可能达到2类的激光辐射窗口贴上窗口标志）。

C.4.1.3 若激光产品的尺寸或设计不便于装贴，应将标志作为附件一起提供给用户。

C.4.2 激光作业场所安全标志的使用

C.4.2.1 对所有 3B 类和 4 类激光产品工作的场所都必须有激光安全标志。可以单独使用激光警告标志，或者同时使用激光警告标志与激光辐射场所安全分类说明标志，此时激光辐射场所分类说明标志应置于激光警告标志的正下方。

C.4.2.2 在 3A 类激光产品作为测量、准直、调平使用时的场所应设置激光安全标志。

C.4.2.3 激光安全标志的装贴位置必须是激光防护区域的明显位置，人员不受到超过 1 类辐射就能够注意到标志并知道所示的内容。在所设标志不能覆盖整个工作区域时，应设置多个标志。

C.4.2.4 永久性的激光防护区域应在出入口处设置激光安全标志，在由活动挡板、护栏围成的临时防护区除在出入口处必须设置激光安全标志外，还必须在每一块构成防护围栏和隔挡板的可移动部位或检修接头处设置激光安全标志，以防止这些板块分开或接头断开时人员受到有害激光辐射。

禁止吸烟

禁止烟火

禁止放置易燃物

禁止用水灭火

禁止入内

禁止带火种

禁止转动

禁止靠近

禁止堆放

禁止启动

禁止合闸

禁止乘人

禁止推动

禁止停留

禁止通行

彩图1 红色禁止标志

注意安全

当心触电

当心爆炸

当心弧光

当心火灾

当心腐蚀

当心中毒

当心电离辐射

当心伤手

当心吊物

当心扎脚

当心冒顶

当心落物

当心坠落

当心车辆

当心激光

当心微波

当心滑倒

当心缝隙

当心障碍物

彩图2  黄色警告标志

必须戴安全帽
必须穿防护鞋
必须系安全带
必须戴防护眼镜
必须戴防毒面具
必须戴护耳器
必须戴防护手套
必须穿防护服
必须配戴遮光护目镜
必须穿救生衣
必须戴防护帽
必须洗手
必须加锁
必须接地
必须拔出插头


彩图3 蓝色指令标志

彩图4 绿色提示标志

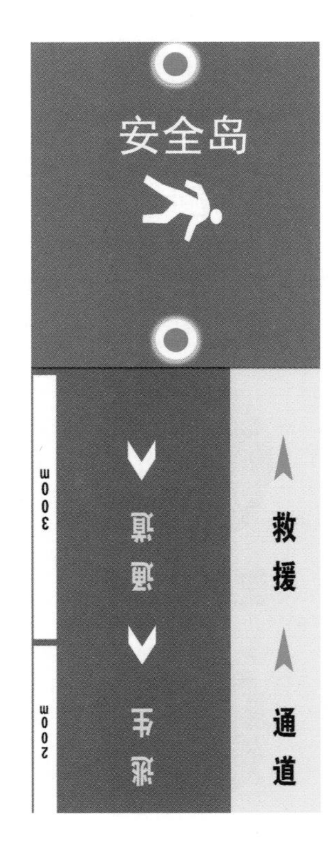


彩图5 单一模块形式

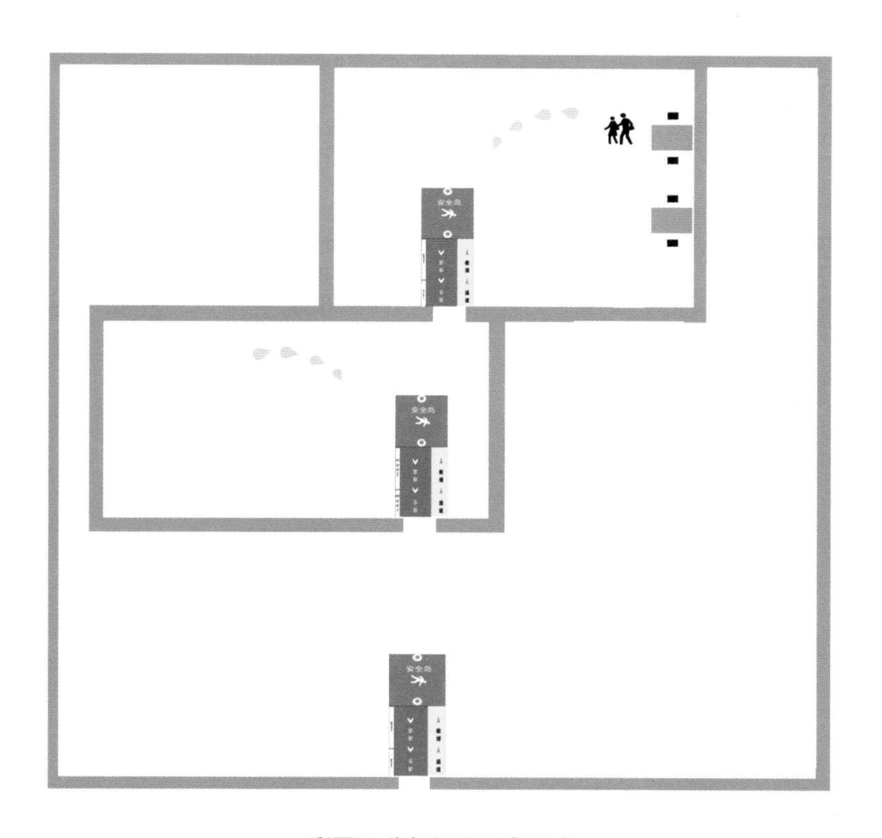


彩图6  分级场所组合形式

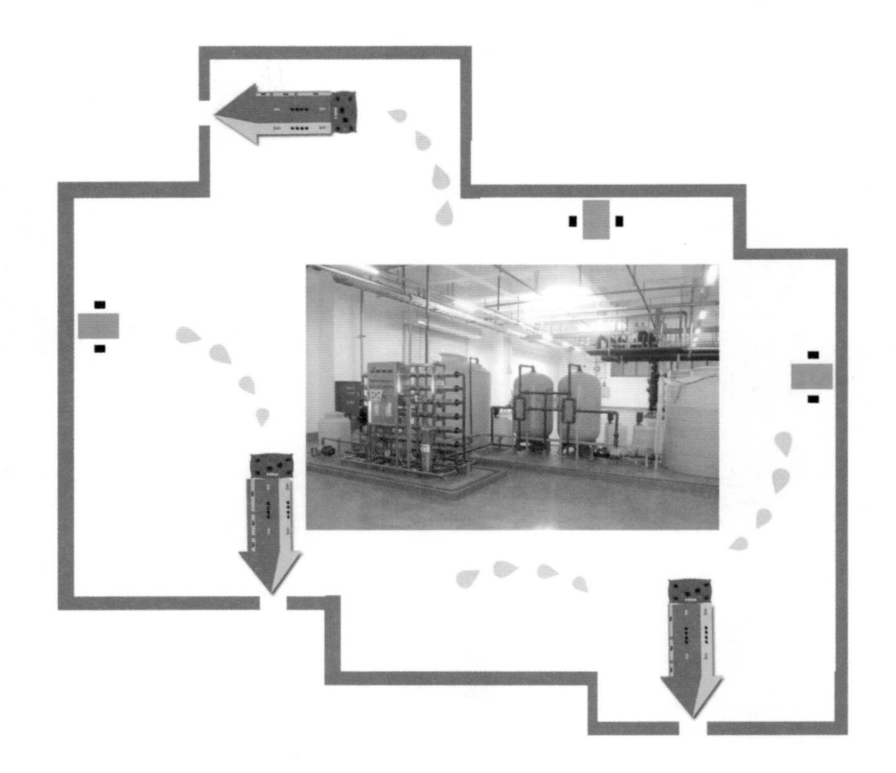

彩图7 多出口、异形场所的组合形式

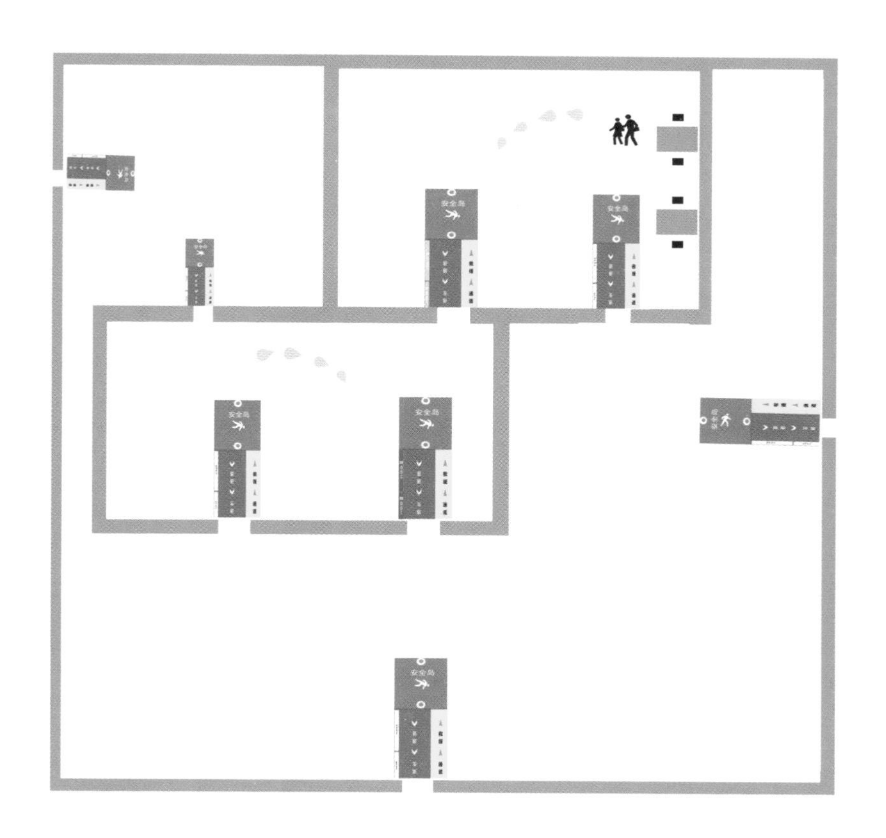


彩图8 多级、多出口、异形场所的组合形式